机器人科学与技术丛书 14

机械工程前沿著作系列
HEP Series in Mechanical Engineering Frontiers

SHUZI CHUANGAN JISHU YU JIQIREN KONGZHI

数字传感技术
与机器人控制

Digital Sensing Technology
and Robot Control

王宏　史添玮　孙广彬　黄海龙　等　编著

中国教育出版传媒集团
高等教育出版社·北京

内容简介

感知是人工智能技术的前端，精准感知和获取信息是后续进行信息特征提取与机器人控制的基础。本书基于大脑感知与人体感官原理，由浅入深、详细地介绍了拟人数字传感技术的基本原理以及数字信号分析处理方法，以仿人机器人作为陆地机器人的代表，以基于脑机接口控制的多旋翼飞行器作为空中机器人的代表，形成本书基本原理的典型应用场景，并采用 Python 和 MATLAB 语言对传感器感知的数字信号进行了处理。全书共四篇，即智能感知与数字信号处理、仿人机器人运动规划、多旋翼飞行器目标搜索和软硬件实验平台。本书将基本理论与实践相结合，有助于培养读者从实际应用角度出发，利用数字信号处理和传感器技术创新性地设计与开发智能机器人应用系统的能力。

本书可作为机器人、传感器、数字信号处理技术、智能制造工程等相关领域的本科生和研究生的参考书，也可供相关领域科研人员阅读和使用。

图书在版编目（CIP）数据

数字传感技术与机器人控制 / 王宏等编著 . -- 北京：高等教育出版社，2024. 12. -- （机器人科学与技术丛书）. -- ISBN 978-7-04-063242-2

Ⅰ. TP24

中国国家版本馆 CIP 数据核字第 20244BQ330 号

策划编辑	刘占伟	责任编辑	张　冉	封面设计	杨立新	版式设计　童　丹
责任绘图	李沛蓉	责任校对	高　歌	责任印制	沈心怡	

出版发行	高等教育出版社	咨询电话	400-810-0598
社　　址	北京市西城区德外大街4号	网　　址	http://www.hep.edu.cn
邮政编码	100120		http://www.hep.com.cn
印　　刷	涿州市星河印刷有限公司	网上订购	http://www.hepmall.com.cn
开　　本	787mm×1092mm 1/16		http://www.hepmall.com
印　　张	14.75		http://www.hepmall.cn
字　　数	320 千字	版　　次	2024 年 12 月第 1 版
插　　页	2	印　　次	2024 年 12 月第 1 次印刷
购书热线	010-58581118	定　　价	79.00 元

前　言

感知是人工智能技术的前端，也是机器人进行智能、高效、精准作业的重要前提，类生物机制的多源异构信息感知融合、特征提取是智能机器人的关键技术。首先，机器人要准确获取周围环境的信息，这就涉及传感器技术；其次，利用数字信号处理技术对感知的信息进行分析与特征提取；最后，机器人控制系统根据感知到的周围环境信息建立控制模式，从而实现各种功能。根据目前机器人的智能传感与控制领域的需要，作者编著了本书，本书的出版旨在促进我国数字传感技术和机器人技术的发展，提高机器人的智能水平。

本书以仿人机器人作为陆地机器人的代表，以基于脑机接口控制的多旋翼飞行器作为空中机器人的代表，由浅入深、详细地介绍了数字传感技术与机器人控制的相关基本原理、方法，以及一些最新研究成果的典型应用。全书共四篇，即智能感知与数字信号处理、仿人机器人运动规划、多旋翼飞行器目标搜索和软硬件实验平台。本书将基本理论与实践相结合，有助于培养读者从实际应用角度出发，利用数字信号处理和传感器技术创新性地设计与开发智能机器人应用系统的能力。本书旨在为学生和科研工作者掌握数字传感技术和智能机器人控制的应用开发奠定坚实基础。

本书作者多年从事脑机接口技术、机器人控制技术、数字信号处理与传感器技术的教学和科研工作。近年来先后承担了国家重点研发计划"智能机器人"重点专项、国家重点研发计划"科技冬奥"重点专项和国家自然科学基金等项目。研发了具有自主知识产权的"无线通信模式下人脑–机械手接口系统"的样机、"多模态动态环境感知与数据融合分析系统""基于多旋翼飞行器的复杂地形边界与面积估计系统与方法""一种可操作 PET/CT 机的机器人护士系统"等。

全书由王宏负责编辑和统稿，其中第 1～8 章由王宏撰写，第 9～10 章由孙广彬撰写，第 11～13 章由史添玮撰写，第 14～15 章由黄海龙、潘永瑞和杨兆新撰写。李子阳、王鼎然、史晨铭、王漪祎等也为本书的撰写做了大量的工作。本书的出版还得到了国家重点研发计划 (2017YFB1300304 和 2021YFF0306405) 项目资助，在此深表感谢。

I

　　由于作者学术水平有限, 书中难免存在错漏之处, 诚恳地希望各位读者指正, 意见和建议请反馈至 dsprocess@126.com。

王宏

2024 年 3 月 8 日

目　　录

第一篇　智能感知与数字信号处理

第三篇   多旋翼飞行器目标搜索

第一篇

智能感知与数字信号处理

第 1 章 概　　述

1.1　智能感知与机器人

感知是大脑控制人体行为的基础。人类具有丰富的感觉器官, 能通过视觉、听觉、味觉、触觉、嗅觉来感受世界, 获取环境信息, 形成感知。大脑对感知信息进行分析处理、提取特征, 从而控制生理行为, 实现人脑协调的感知与控制。

智能感知是机器人技术的前端和基础。人工智能的终极目标就是模拟人脑智能, 实现对人脑智能的再现。智能机器人是人工智能技术与传统机器人技术的结合。基于脑的感知与认知机理, 模仿大脑处理信息和神经编码机制, 构建人工智能模型, 形成神经计算、类脑芯片, 将人脑的神经机理引入传统机器人系统, 从而提高机器人的感知、认知、学习和控制能力, 形成具有拟人感知、决策、执行等功能的智能机器人。

传感器是智能机器人感知系统的前端。通过传感器, 机器人可精准获取周围环境信息, 形成类似人脑的感知系统。通过数字信号处理技术, 机器人对感知的信息进行分析与特征提取。基于人工智能理论建立感知环境模型, 表达机器人所在环境的信息, 形成机器人的数字感知模式 (图 1.1)。

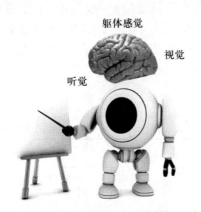

图 1.1　智能感知是机器人控制的基础

图 1.2 所示为法国 Aldebaran Robotics 公司的 NAO 人形智能机器人[1], 它具有视觉、听觉、触觉等感知功能, 配置有 100 多个传感器, 拥有 25 个自由度, 支持 23 国语言, 通过人工智能模型可建立智能感知与机器人控制系统。图 1.3 所示为东北大学研制的情感交流机器人, 它具有融合脑认知特征的人工智能专家系统, 可通过机器视觉感知人的情感, 并根据感知的信息与人进行交流。

图 1.2　NAO 智能机器人[1] 　　　　　　图 1.3　情感交流机器人

数字感知使智能机器人能够精准获取周围环境信息, 从而为机器人的精准控制奠定基础。

1.2　传感器

为了使机器人具有智能感知, 需要利用先进的传感器技术等模拟人的感官和大脑的功能, 捕获视觉、听觉、触觉、嗅觉、味觉等信息, 并将其作为机器人控制系统的感知输入, 以帮助机器人感知自然环境。

传感器一般由敏感元件和转换元件组成, 有的传感器还包含信号调理电路和辅助电源部分, 如图 1.4 所示。敏感元件能直接感应或响应被测量 (通常是非电量), 并输出与被测量有确定关系的其他量 (一般为易于转换成电参量的另一种非电量), 这一过程称为预变换。转换元件又称为变换器, 它将敏感元件输出的非电量转换成电参量, 转换元件决定了传感器的工作原理。有些敏感元件可以直接输出电量, 兼有转换元件的功能。信号调理电路是把转换元件输出的电参量转换成便于显示、

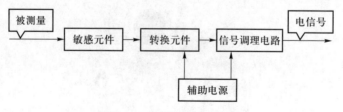

图 1.4　传感器的组成框图

记录、处理和控制的电信号。随着微电子集成电路技术的发展,可将上述各部分组合封装在一起,构成一体化的传感器。

传感器的基本特性就是传感器的输入-输出关系特性,即传感器输出信号值与输入信号值之间的函数关系。传感器的基本特性包括静态特性和动态特性。衡量传感器静态特性的主要参数有线性度、灵敏度、重复性、阈值、分辨力等。通过分析传感器的阶跃响应特性和频率响应特性,可对其动态特性进行比较和评价。

通常情况下,由传感器得到的电信号并不能直接使用,还需要利用一些电路对传感器输出的微弱信号进行处理,将其转换为易于使用的输出信号或者便于进行远距离传输的信号,这些电路包括对传感器输出信号的放大、滤波、变换等。

传感器是人类感官的延伸,构成了机器人的感官。但仅仅依靠传感器来描述机器人所处的环境信息和分析环境规律是远远不够的,还需要借助数字信号处理技术等手段。

1.3 数字信号处理

数字信号在机器人中具有类似人体神经电信号的功能。环境信息通过传感器转化为数字信号,该数字信号发送给机器人控制系统,控制系统发出指令控制机器人的行为。

机器人控制系统的核心是计算机,其作用相当于人的大脑,对传感器获取的信息进行滤波、分析处理与特征提取。那么,如何用计算机来处理信息? 如何从感知到的混杂信号中提取出有用的信息? 如何将信号变换成容易处理、传输、分析与识别的形式? 如何根据机器人的作业要求,通过传感器输出的信号来控制机器人的执行机构,使其完成规定的运动和功能? 数字信号处理就是解决上述问题的一种技术,它是研究在计算机中分析处理信息的基础理论,图 1.5 所示为数字信号处理过程。

图 1.5 数字信号处理过程示意

数字信号是用一系列离散的数字来描述事物运动变化特征的信号,图 1.6 为某数字信号的图示。数字信号处理是通过计算机或专业数字信号处理器对数字信号进行时域、频域或空域的分析处理和特征提取。

早在远古时代,古人们就把肢体语言作为信号来传递信息。随着人类文明的发展,人们不再满足于仅用肢体语言来表达信息,这就促使了语言的诞生,语言成为交流信息的信号。20 世纪,随着计算机的出现,人们开始使用计算机网络来传递信号,从而形成了数字信号处理技术。数字信号处理技术在保密性、抗干扰、传输质

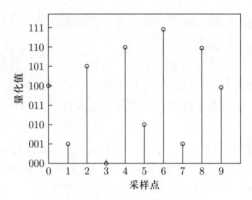

图 1.6 某数字信号的图示

量、节约信号传输通道资源等方面都优于模拟信号处理技术。目前, 数字信号处理技术被广泛地应用在机器人、通信、自动控制、智能制造等领域。

1.4 面向未来的数字感知

数字感知是机器人控制的基础, 是利用现代数字化技术捕获、再生或合成视觉、听觉、触觉、嗅觉、味觉等各种来自外部世界的信息, 并作为机器人的 "感官" 输入, 从而完善机器人的感知系统[2]。基于传感器技术、数字信号处理技术、人工智能技术、数字孪生技术等, 数字感知将过去的单个技术进行优化组合, 把视觉、听觉、触觉、嗅觉、味觉等融合在一起, 使得外界环境信息不仅被人的感官感知, 同时也被机器人的感知系统获取。

随着科学技术的发展, 机器人正在从工业等领域逐步渗入人们的生活, 从线下走向线上, 从物理空间进入虚拟空间, 实现物理空间与数字空间的深度融合, 机器人也逐步被赋予更多的人格化特征[3]。1992 年, Stephenson 在其科幻小说 *Snow Crash* 中提出了 "元宇宙 (metaverse)" 的概念, 书中建构了一个与现实空间平行的虚拟空间, 人们借助虚拟现实 (virtual reality, VR) 等技术, 通过听觉、视觉和触觉等 "数字感知", 使身体以数字化的形态在虚拟空间中生活、娱乐和工作, 虚实之间可以互动交流, 实现了身体的 "在场" 与感知觉[4]。打通物理世界与数字世界, 虚实融合形成数字感知, 使得机器人由原来仅仅在物理空间的感知进入了虚实结合的感知, 通过虚实互补, 丰富了机器人的感知系统。以深部地下开采机器人为例, 机器人在进入地下环境之前需要做很多测试, 但是在物理世界能够模拟地下深部开采环境的测试场地有限, 此时数字世界就可以发挥作用, 在数字世界里模拟不同地下路况进行测试, 在虚拟环境中测试合格后再进行地下实地测试, 可大大节省开支, 提高效益。

近年来, 电气与电子工程师协会 (IEEE) 将 "数字感知" 纳入虚拟现实和增强现实统一框架下, 作为面向未来的重大技术发展方向[5]。

外骨骼是一种增强人体机能的可穿戴机器人, 外骨骼与穿戴者具有紧密的物理接触, 其人机交互模式直接关系到穿戴者的人身安全, 所以外骨骼必须具有和谐的人机交互模式。东北大学结合了虚拟现实技术、数字信号处理技术和数字孪生技术等 (图 1.7), 建立了外骨骼的数字感知和控制系统[6]。

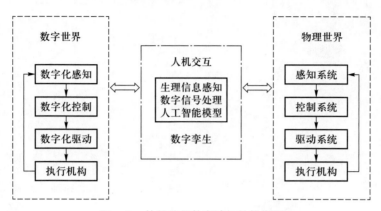

图 1.7 外骨骼的数字感知结构框图

思考题

1. 为什么说智能感知是机器人技术的前端和基础?
2. 数字感知技术有哪些特点? 应用前景如何?

第 2 章　感官与传感器基础

2.1　传感器的生理基础

世界上的物体分为自然物体和人造物体,传感器也是如此。自然传感器存在于生物体中,如人的感官。人造传感器是受自然传感器功能的启发而制造出来的器件,就是通常所说的传感器[7]。

2.1.1　人的感官

人的感官主要包括视觉、听觉、嗅觉、味觉、触觉等,用来感受所处环境的信息。通过视觉可以感知外界物体的大小、明暗、颜色和运动状态,80% 以上的外界信息是经视觉获得的,因此视觉是人类最重要的感官。听觉帮助人类获取环境中的声音信息,约 11% 的外界信息是经听觉获得的。通过嗅觉可以获取环境中的气味信息,约 3.5% 的外界信息是经嗅觉获得的。触觉是通过触摸和压力获得的感觉,约 1.5% 的外界环境信息是经触觉获得的。味觉是感受口腔内味道的能力,约 1% 的外界信息是经味觉获得的。

视觉: 眼睛是视觉器官,外界光线进入视觉器官并在大脑中所引起的生理反应叫作视觉。当眼睛注视目标时,由目标发出或反射的光经折射后投射到视网膜上成像,视神经细胞将光信息转换成神经电信号,神经电信号经视觉通路传至大脑枕叶的视觉中枢,便形成视觉。

听觉: 耳朵是听觉器官,负责收集、传导、感知、分析和处理外界声音信号。听觉可以完善并弥补视觉的不足,为人们提供一些无法通过视觉获取的信息,并帮助人们分辨和判断声源的大致方位。正常人耳能感知的声音频率范围为 20 Hz ∼ 20 kHz。

嗅觉: 嗅觉感受器位于鼻腔顶部,叫作嗅黏膜,这里的嗅细胞受到某些挥发性物质的刺激就会产生神经冲动,神经冲动沿嗅神经传至大脑皮层从而产生嗅觉。

触觉: 主要通过皮肤感受到冷热、滑涩、软硬、痛痒等各种触感,触觉具有保护功能,它保护着器官远离机械伤害和辐射损伤,抵挡外界的危险物质。

味觉: 舌头是味觉器官。味觉是食物在人的口腔内对味觉感受器造成刺激而产生的一种感觉, 最基本的味觉有甜、酸、苦、咸和鲜。

2.1.2 感官与传感器

1. 视觉传感器的生理基础

人眼看到物体后, 物体的光线经过角膜、晶状体、眼球玻璃体等结构, 被折射到视网膜上成像。视网膜由视细胞、双极细胞、节细胞等神经细胞组成, 光信号在视细胞内产生光化学和光电反应后被转化成为神经电信号, 神经电信号经过脑内的神经系统传输到大脑视觉皮层中, 产生视觉 (图 2.1)。

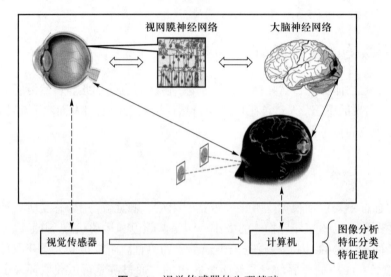

图 2.1　视觉传感器的生理基础

视觉传感器是基于人眼的电生理过程, 把光信号转变为电信号的电子器件。其主要包括: 红外线传感器、紫外线传感器、光纤式光电传感器、色彩传感器、电荷耦合器件 (CCD) 传感器和互补金属氧化物半导体器件 (CMOS) 传感器等。图 2.2

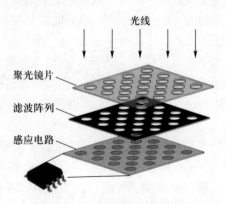

图 2.2　视觉传感器结构示意

所示为视觉传感器的主要结构, 其中聚光镜片类似眼球角膜, 滤波阵列类似眼球玻璃体, 感应电路类似视网膜。通过视觉传感器赋予机器人视觉的功能, 传感器自动采集周围环境信息, 进行环境识别, 为机器人导航、路径规划、运动控制等奠定基础, 这对于智能机器人技术的发展十分重要。

2. 听觉传感器的生理基础

人的听觉系统由外耳、中耳、内耳以及听觉神经系统组成。声音传入外耳, 通过外耳道传至鼓膜并引起鼓膜振动, 然后通过中耳传至内耳的耳蜗。耳蜗内不仅充满液体, 还具有数以千计的毛细胞。声波引起耳蜗内液体流动, 耳蜗内毛细胞的绒毛随耳蜗内液体的流动而弯曲, 从而将声音信号转变为神经电信号, 该神经电信号沿听神经纤维传至大脑听觉中枢, 遂产生听觉。

听觉传感器 (也称为声音传感器) 是基于人听觉系统的电生理过程, 把声音信号转变为电信号的电子器件。拾音器就是典型的听觉传感器, 它由麦克风模块和音频放大电路构成。麦克风模块类似人耳, 由膜片、线圈和磁场组成。声音传播至麦克风膜片, 引起膜片振动, 使与之相连的线圈跟着一起运动, 线圈在磁场中的这种运动能产生随声音变化的电流, 于是声音信号被转变为电信号, 经音频放大电路传输至计算机或扬声器, 发出声音。图 2.3 给出了听觉系统与听觉传感器的类比。

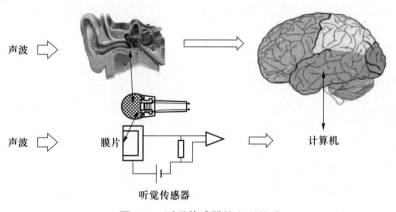

图 2.3 听觉传感器的生理基础

2.2 传感器概述

2.2.1 传感器的分类

传感器 (sensor) 是一种检测装置, 能够感受到被测量的信息, 并将感受到的信息按照一定规律转换为电信号 (图 2.4)。传感器的输出信号可以是电压、电流或电荷, 并可以进一步描述成幅值、频率、相位、数字编码等。

传感器让机器有了触觉、味觉和嗅觉等感官, 使其慢慢变得 "活" 了起来。但传

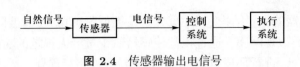

图 2.4 传感器输出电信号

感器自身不能单独工作, 它是大系统中的一部分, 是实现自动检测和自动控制的首要环节。

根据输出信号模式, 传感器可以分为:

(1) 模拟量传感器: 传感器的输出量是连续的模拟量。

(2) 数字量传感器: 传感器的输出量是离散的数字量。

根据是否需要外接电源, 传感器可以分为:

(1) 有源传感器: 传感器需要外接电源才能工作。

(2) 无源传感器: 传感器不需要外接电源就能工作。

根据被测对象, 传感器可以分为:

(1) 光敏传感器 —— 视觉;

(2) 声敏传感器 —— 听觉;

(3) 气敏传感器 —— 嗅觉;

(4) 化学传感器 —— 味觉;

(5) 压敏、温敏、流体传感器 —— 触觉。

2.2.2 传感器的基本特性

1. 传感器的静态特性

传感器的静态特性是指对于静态的输入信号, 传感器的输出量与输入量之间所具有的相互关系。表征传感器静态特性的主要参数有线性度、灵敏度、迟滞、重复性、漂移等。

2. 传感器的动态特性

传感器的动态特性是指传感器在输入信号变化时的输出特性。表征传感器动态特性的主要参数有:

(1) 阶跃响应: 最大超调量、延滞时间、上升时间、峰值时间、响应时间等。

(2) 频率响应: 频率特性、幅频特性、相频特性等。

2.3 典型传感器

2.3.1 超声波传感器

超声波是一种在弹性介质中以机械振荡形式传播且不在人耳听觉范围 (20 Hz ～ 20 kHz) 内的声波, 是人在自然环境下无法听到和感受到的声波。当声波的振动频率在 20 kHz 以上时称为超声波 (图 2.5)。振动频率小于 20 Hz 的声波称为次声波。

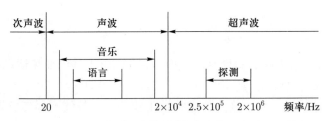

图 2.5 超声波频率范围

超声波为直线传播方式, 其频率越高, 绕射能力越弱, 但反射能力越强。超声波传感器就是利用超声波的这种性质制成的。通常超声波传感器是由发射器和接收器组成的, 如图 2.6 所示。

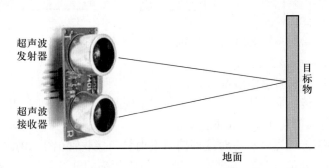

图 2.6 超声波传感器的基本原理

发射器: 通过振子振动产生超声波并向空中发射。

接收器: 接收被物体反射回来的超声波, 这里振子接收到超声波后产生相应的机械振动, 并将其转换为电能量, 送至控制系统。

2.3.2 红外线传感器

红外线是一种介于可见光与微波之间、波长范围为 $0.76 \sim 1\,000\ \mu m$ 的电磁波 (图 2.7)。红外线按波长可分为近红外、中红外和远红外。

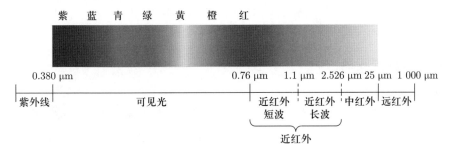

图 2.7 红外光谱示意 (参见书后彩图)

下面介绍两种红外线传感器的应用。

例 2.1　红外线测温传感器

在自然界中, 当物体的温度高于绝对零度时, 由于其内部热运动的存在, 它会不断地向四周辐射电磁波, 其中就包含了波段位于 0.76 ~ 1 000 μm 的红外线, 而红外线测温传感器就是基于这一物理特性工作的。红外线测温传感器的探测器件接收到物体的红外辐射后温度升高, 进而使传感器中与温度相关的性能发生变化 (图 2.8)。

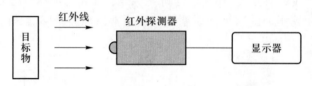

图 2.8　红外线测温的基本原理

例 2.2　红外线测距传感器

红外线测距传感器利用红外信号在遇到不同距离的障碍物时, 其反射强度也不同的原理, 进行障碍物距离的检测。

红外线测距传感器具有一对红外信号发射管与接收管 (图 2.9): ① 发射管, 发射特定频率的红外信号; ② 接收管, 接收该特定频率的红外信号, 红外线沿检测方向遇到障碍物后被反射回来由接收管接收。距离不同, 反射信号的强度也不同, 由此可得障碍物的距离。

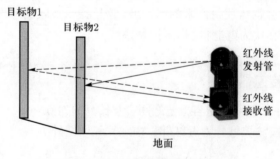

图 2.9　红外线测距的基本原理

2.3.3　其他传感器

1. 线速度传感器

线速度传感器是用来测量直线运动速度的传感器, 其输出电压与被测物体的运动速度成线性关系, 广泛应用于航空、兵器、机械、仪器仪表、地质、石油、核工业等领域的自动测量。

例 2.3　测量直线运动速度

如图 2.10 所示, 系统由有源线圈和无源线圈组成, 两线圈的间距为 Δx。当交流电通过有源线圈时, 其周围会产生一个变化的磁场, 由于电磁感应, 在感应线圈 (无源线圈) 中产生感应电位 V_{out}。当子弹通过有源线圈时, 子弹切割磁力线, 导致感应线圈中的感应电位 V_{out} 发生变化, 可测量出 V_{out} 发生变化的时间 Δt, 根据式 (2.1) 可计算出子弹的直线运动速度 v:

$$v = \frac{\Delta x}{\Delta t} \tag{2.1}$$

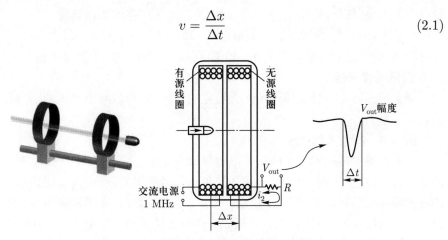

图 2.10 利用线速度传感器测量子弹的直线运动速度[7]

2. 惯性传感器

惯性传感器主要用于检测和测量加速度、倾斜、旋转等运动信息, 是机器导航、定向的重要部件。

例 2.4 角速度传感器

本例的角速度传感器是惯性传感器的一种, 它的工作原理如图 2.11 所示。

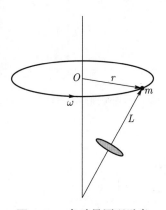

图 2.11 角动量原理示意

假设某质点的质量为 m, 其线速度为 v、角速度为 ω, 该质点以半径 r 绕原点 O 旋转, 则其角动量 L 为

$$L = rmv \tag{2.2}$$

因为 $v = r\omega$

所以有

$$L = rmv = rmr\omega = r^2m\omega$$

如果所受外力的合力矩不为 0 ($\Delta L \neq 0$), 则角动量 L 发生变化, 于是根据所受外力矩大小可以计算出角速度 ω, 此即角速度传感器的工作原理。

基于上述原理, 利用多晶硅制成芯片, 通过施加变化的电压来驱动相关多晶硅器件的移动, 可达到陀螺仪的效果。角速度传感器也常被用于智能手机和机器人中。

3. 触觉传感器

触觉传感器是一种能够模拟人类触觉的传感器, 可以感应物体的压力和形态等信息。

例 2.5 压电式触觉传感器

压电式触觉传感器具有两层压电材料聚偏二氟乙烯 (PVDF) 薄膜, 下层 PVDF 薄膜连接交流电, 上层 PVDF 薄膜连接振动信号检测装置, 中间夹层为柔韧性较好的硅橡胶压缩薄膜。如图 2.12 所示, 下层 PVDF 薄膜在振荡器输出的交流电压激励下产生机械收缩与舒张 (振动), 振动经中间层传递给上层 PVDF 薄膜, 上层的振动信号被采集。当上层薄膜受到较小的压力时, 振动信号的振幅就会发生变化。根据振动信号振幅的大小可确定触觉量值。

基于上述原理, 二层压电薄膜可用于采集脉搏 (图 2.12) 和婴儿呼吸频率 (图 2.13)。

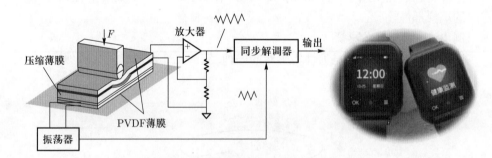

图 2.12 压电式触觉传感器的工作原理[7]

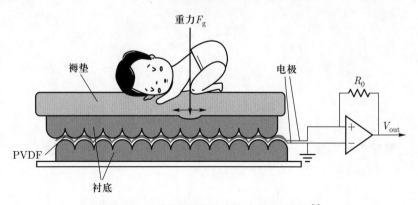

图 2.13 二层压电薄膜采集婴儿呼吸频率[7]

思考题

1. 阐述传感器在智能机器人中的作用。
2. 视觉传感器的生理基础是什么？

第 3 章 模数转换和数模转换

3.1 信号与系统

传感器类似人的感官,计算机类似人的大脑,感官的信息只有送入大脑才有意义。自然界中的信号是模拟信号,计算机中的信号是数字信号,模拟信号通过传感器进入计算机系统之前,需要被转换成数字信号即进行模数转换。

3.1.1 信号

信号是描述信息的物理量, 它是运载信息的载体, 没有信息, 信号就没有意义[8]。例如有电信号、光信号、声信号、生理信号等。信息是用于交流的消息的抽象代名词, 没有载体运载信息, 信息将毫无意义。图 3.1 给出了信号与信息的关系的形象描述。

图 3.1　信号与信息的关系

图 3.2 所示是大家熟悉的交通信号灯,它给人们提供了什么信息呢? 红灯、绿灯和黄灯就是交通中使用的光信号。这些信号分别提供了这样的信息: 红灯亮的信息是禁止通行; 绿灯亮的信息是准许通行; 黄灯亮的信息是注意警示。

信号可分为模拟信号和数字信号。模拟信号是在时间和数值上都是连续的信号,自然界中的信号属于模拟信号,如图 3.3 所示。数字信号是指不仅在时间上是离散的,而且在幅值上也是离散的信号,计算机中的二进制信号就是一种数字信号,如图 3.4 所示。

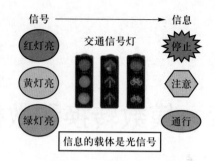

图 3.2　交通信号与信息

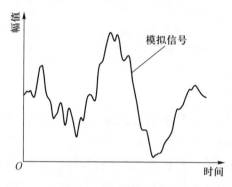

图 3.3　模拟信号图示

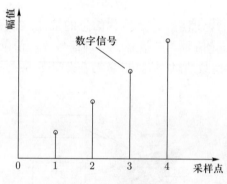

图 3.4　数字信号图示

3.1.2　模拟系统与数字系统

这里的系统是指对信号进行传输和分析处理的单元的整体。通常根据系统中传输和分析处理的信号种类把系统分为模拟系统和数字系统。

1. 模拟系统

模拟系统是指输入信号与输出信号都是模拟信号的系统 [9,10]，通常是由模拟器件构成的。例如模拟电视机 (图 3.5) 的图像信号产生、传输、处理、复原等整个过程都是在模拟系统下完成的。

模拟电视有易受干扰、色度畸变、亮色串扰、行串扰、行蠕动、大面积闪烁、

图 3.5 模拟电视机

清晰度低和临场感弱等缺点。因为在模拟系统中, 只能通过更新和改进硬件结构来修改缺陷。尽管针对模拟电视功能和声像质量的问题进行了改进, 但其仍不能达到要求, 从而导致模拟电视机退出了市场[11]。

2. 数字系统

数字系统是指传输和处理数字信号的系统。它是由实现各种功能的逻辑电路互相连接构成的系统, 通常包括由半导体工艺制成的数字集成器件 (如芯片), 以及各种门电路、触发器和由它们构成的各种组合逻辑电路与时序逻辑电路。近年来, 数字系统对信号进行处理的优势显著增长, 如 5G 移动通信、虚拟现实/增强现实 (VR/AR)、超高清显示、自动驾驶、人工智能等都依赖于数字系统技术。

以电视机为例, 20 世纪 80 年代, 在德国出现了数字电视机, 从而揭开了数字电视的帷幕。图像画面的每一个像素、伴音的每一个音节都被编码成二进制数, 再经过降噪、压缩编码、信道编码等处理, 以非常高的比特率进行数码流发射、传输和接收, 使得数字电视具有高质量的画面和音效[10] (图 3.6)。

图 3.6 数字电视机

通常, 模拟系统是由电阻、电容和电感等电子元器件组成的, 系统对所有部件的参数非常敏感, 并且有些部件的特性随温度变化比较大[8]。而由软件实现的数字系统, 系统参数易于修改。与模拟系统相比, 数字系统具有抗干扰能力强、便于存储和处理、实现简单、系统可靠、体积小、功耗低、易于大规模集成和实现微型化等优点, 目前被广泛地应用于电视、雷达、通信、电子计算机、自动控制、航天等领域。

3.1.3　系统数字化转型的意义

《数字中国发展报告 (2020 年)》提出, 将建设数字中国作为新时代国家信息化发展的总体战略, 推进核心技术的开发。在当今时代利用信息的过程中, 首先要解决的是准确获取可靠的信息, 这就涉及数字传感技术; 其次要对感知的信号进行分析与特征提取, 涉及数字信号处理技术等。所以数字传感与数字信号处理都是数字中国建设需要的技术。

从信号与系统的角度, 数字化是相对模拟来说的, 把模拟信号转换为数字信号, 把模拟系统转化为数字系统, 实现信息的数字化。数字化转型的目标是追求各种系统与数字技术融合, 从而提升传统产业效率。从模拟电视到数字电视、从胶卷相机到数码相机, 其变革的本质都是将信息以 "0 和 1" 的数字化形式进行读写、存储和传递[12]。

例如康道智能工业机器人在印制电路板 (printed-circuit board, PCB) 数字化工厂中代替人工作 (图 3.7), 取得了如下效果[13]:

(1) 减少用工, 提升工作效率。机器人可以实现较高速度的重复性操作, 工作节拍远高于人工, 从而大幅提升工作效率并降低人工成本和管理成本。

(2) 提升作业精度, 提高产品质量。机器人可以利用编程及视觉系统实现准确定位和高重复精度, 有效地提高了 PCB 的质量。

(3) 避免作业环境对工人健康和安全的潜在威胁, 节约了环境安全方面的投入。

(4) 减少因重复、枯燥工序影响工人状态而导致的效率和质量的下降, 降低事故率。

(5) 优化作业流程, 减少作业空间。

(6) 有效降低损耗率。

(7) 可 24 小时连续作业及在黑灯环境下作业。

(8) 实现制造过程柔性化。未来 PCB 行业将会出现越来越多小批量的订货, 使用工业机器人可以大大提升生产的柔性, 实现订单的快速交付。

(9) 品牌形象和信誉的提升。工业机器人的应用使 PCB 厂家的自动化水平得

图 3.7　工业机器人在数字化工厂代替人工作[13]

以进一步提升, 带动产品质量、生产效率、成本控制、响应能力等方面的进步, 提高了厂家在行业内的整体竞争实力。

针对传统工业机器人"不懂"人的行为意图, 不能保证人机协作的安全性的问题, 东北大学基于数字技术研发了和谐的人机交互系统: 当工作人员进入工业机械臂的工作空间时, 机械臂停止移动, 等待工作人员的安排; 当工作人员离开工业机械臂的工作空间时, 机械臂继续移动工作, 从而保证了工作人员的安全 (图 3.8)。

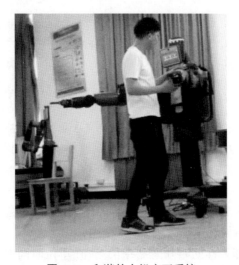

图 3.8　和谐的人机交互系统

人机协作可最大程度地发挥人的灵活性和机器人的高效性, 企业可以强化生产柔性, 更好地适应市场需求。协作机器人的应用将彻底改变未来工厂的生产组织和工人的工作方式, 开启人机合作的新纪元[14]。

3.2　模数转换

由于模拟信号数据量是无穷多的, 而数字系统只能处理有限的数据量, 所以将模拟信号送入数字系统进行处理前, 要把无穷大的数据量转换成有限数量的数据, 就是要做模数转换处理。

模数转换 (analog-to-digital conversion, ADC) 是把模拟信号转换为数字信号的过程。模数转换包括两个过程, 即采样和量化。

3.2.1　采样

采样也称抽样 (sample), 是对连续 (模拟) 信号在时间上的离散化过程, 即按照一定时间间隔把模拟信号的时间轴离散化, 如图 3.9 所示。其中两个采样点之间的间隔称为采样周期 (T_s), 每秒钟的采样点数称为采样频率 (f_s)。

采样周期 T_s 与采样频率 f_s 满足如下关系式:

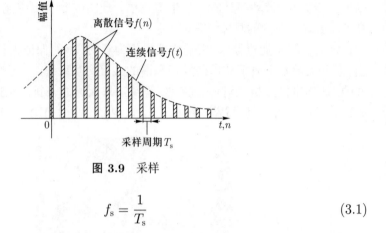

图 3.9　采样

$$f_\text{s} = \frac{1}{T_\text{s}} \qquad\qquad (3.1)$$

采样频率也称为采样速度或者采样率, 定义了单位时间内从连续信号中提取并组成离散信号的采样数目, 单位是赫兹 (Hz)。通俗地讲, 采样频率是指计算机单位时间内能够采集的信号离散样本数。

采样频率越高, 即采样的时间间隔越短, 则在单位时间内计算机得到的样本数据就越多, 对原始信号的表示也越精确; 但采样数目太多, 会导致存储占用的空间增加, 后期对数据进行处理运算时也会耗费大量计算资源。

采样频率越低, 即采样的时间间隔越长, 则在单位时间内计算机得到的样本数据就越少, 对原始信号的表示也越不精确; 如果采样数目太少, 可能不具备全面性, 导致数据丢失、失真, 这样就会增加数据的误差。那么, 如何确定合适的采样数目呢?

3.2.2　奈奎斯特采样定理

为了给出合理的采样频率, 1928 年美国电信工程师奈奎斯特提出了一个采样定理, 即奈奎斯特采样定理, 具体如下: 要从采样信号中无失真地恢复原信号, 针对最大频率为 W (Hz) 的模拟信号, 至少要以 $2W$ 的采样频率进行采样。$2W$ 称为奈奎斯特采样频率[8]。

例 3.1　图 3.10 为某一信号的时域和频域图示, 对该信号进行模数转化, 按照奈奎斯特采样定理, 最小的采样频率应该是多少?

解: 因为图 3.10 所示信号的最大频率为 4 Hz, 按照奈奎斯特采样定理, 对该信号进行模数转换时, 至少要用 8 Hz 的采样频率。

按照奈奎斯特定理进行采样后的数字信号可完整地保留原始模拟信号中的信息。若采样频率小于原信号最高频率的 2 倍时, 信号会发生混叠现象。如图 3.11 所示, 对 10 kHz 到 80 kHz 的某一系列信号以 40 kHz 的采样频率进行采样。对于 30 kHz 到 80 kHz 的信号, 不符合奈奎斯特采样定理, 导致混叠现象发生。

为了避免混叠现象发生, 可在采样前进行抗混叠滤波处理。图 3.12(a) 为原始

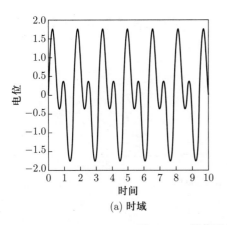
(a) 时域

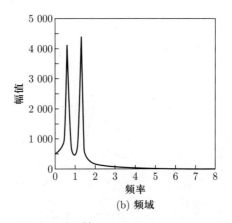
(b) 频域

图 **3.10** 某信号的时域图和频域图[8]

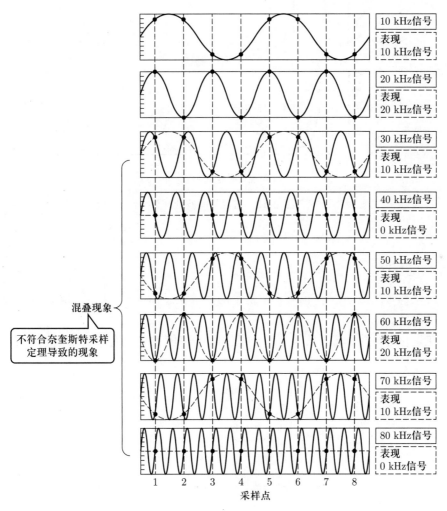

图 **3.11** 出现混叠现象[8]

模拟信号频域图, 使用抗混叠滤波器 [图 3.12(b)] 对模拟信号进行抗混叠滤波处理, 图 3.12(c) 为处理后的结果。

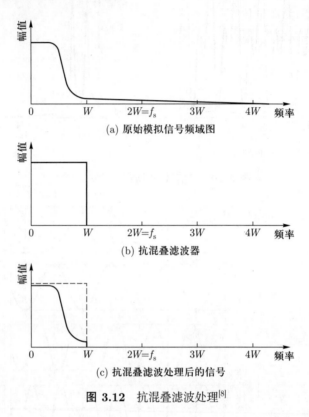

(a) 原始模拟信号频域图

(b) 抗混叠滤波器

(c) 抗混叠滤波处理后的信号

图 3.12 抗混叠滤波处理[8]

3.2.3 量化

量化是对模拟 (连续) 信号在幅值上的离散化过程。图 3.13 纵轴横线表示该信号的量化级。

在量化过程中, 输入信号幅值连续变化的范围被分成有限个不重叠的子区间

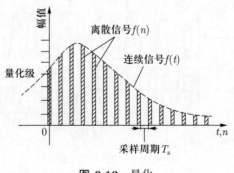

图 3.13 量化

(量化区间), 每个量化区间用该区间内一个确定数值表示, 落入其内的输入信号将以该值输出, 从而将连续输入信号变为具有有限个离散值 (称为量化值或量化电平) 的近似信号[15]。因为在量化中, 落入某一量化区间的所有输入的连续信号输出为同一个量化值, 这样就会出现误差。由量化导致的误差称为量化误差。

$$量化误差 = 量化值 - 实际值 \tag{3.2}$$

量化分为均匀量化和非均匀量化。量化区间的大小称为量化步长。均匀量化是量化区间的量化步长相等, 适用于信号幅值均匀分布的情况。非均匀量化是量化区间的量化步长不等, 适用于信号幅值非均匀分布的情况。

因为计算机采用二进制, 所以通常量化值为 2^N 个, 这里称 N 为比特数。例如 $N = 2$, 称为 2 比特量化, 有 4 个量化值, 这些量化值称为量化电平。

量化步长 Q 与比特数 N 的关系如下:

$$Q = \frac{R}{2^N} \tag{3.3}$$

式中, R 为模拟量范围的最大值[8]。

例 3.2 某模拟信号的电压为 $0 \sim 2\,\text{V}$, 进行 2 比特量化, 求量化步长[8]。

解: 因为 $R = 2$, $N = 2$

根据式 (3.3) 可得

$$Q = \frac{R}{2^N} = \frac{2}{2^2} = \frac{2}{4} = 0.5$$

所以量化步长为 $0.5\,\text{V}$。

那么, 本例的量化电平和二进制编码如表 3.1 所示。

表 3.1 例 3.2 的量化电平和二进制编码

量化电平/V	二进制编码
0.25	00
0.75	01
1.25	10
1.75	11

量化区间分为单极性数据量化和双极性数据量化。对于单极性数据量化, 其输入信号幅值落在对应的一个量化区间之内 (图 3.14), 所以, 最大误差 = 整个量化步长。对于双极性数据量化, 其输入信号幅值落在对应的一个量化值的上一或下一量化区间一半范围之内 (图 3.15), 所以, 最大误差 = 半个量化步长。

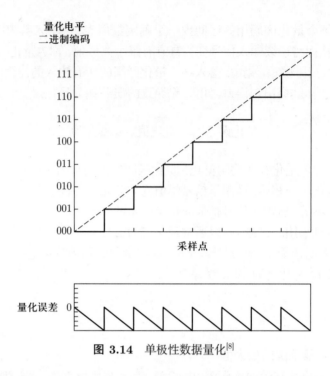

图 3.14 单极性数据量化[8]

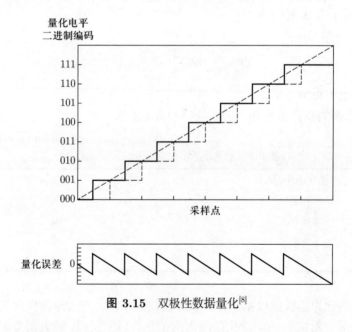

图 3.15 双极性数据量化[8]

例 3.3 对某 $0 \sim 5$ V 的模拟信号进行量化, 其中间量化误差为 6×10^{-5} V, 需要多少比特量化[8]?

解: 因为 $R = 5, 0.5Q = 6 \times 10^{-5}$

根据式 (3.3) 可得

$$N = \log_2 \frac{R}{Q} = \log_2 \frac{5}{2 \times 6 \times 10^{-5}} \approx 15.35$$

取整数, 所以需要 16 比特量化。

量化会产生误差, 量化误差也称为量化噪声。信号与噪声的比值称为信噪比。模拟 (连续) 信号经过采样成为离散信号, 离散信号再经过量化就转换为由二进制编码表示的数字信号, 如图 3.16 所示。

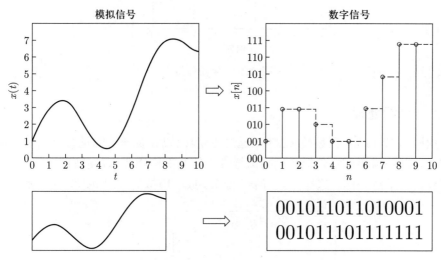

图 3.16 模数转换将模拟信号转换为数字信号

3.3 数模转换

数模转换 (digital-to-analog conversion, DAC) 是将离散的数字信号转换为连续变化的模拟信号的过程。自然界中的信号一般是连续变化的模拟信号, 当需要在数字系统中处理时, 就要做模数转换, 转换为数字信号。而数字系统处理后的信号, 如果需要输出给诸如音乐播放器、模拟电视或电话时, 则需要将数字信号转换为模拟信号, 即进行数模转换。数模转换是模数转换的逆过程, 包括零阶保持和平滑处理。

3.3.1 零阶保持

零阶保持是将每个采样值保持在一个采样间隔, 实现离散信号转换为连续信号的过程。如图 3.17 所示, 原数字信号在时间上的取值是离散的, 即 0、1、2、3、4、5、6、7、8、9, 经过零阶保持后, 该信号在时间上的取值是 [0,10) 内的任意值, 即连续的。零阶保持是数模转换的第一步, 即在时间上实现连续取值。

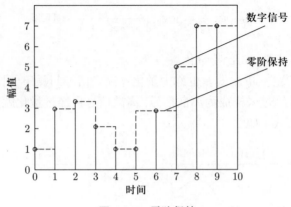

图 3.17 零阶保持

3.3.2 平滑处理

由图 3.17 可见，在数模转换中，通过零阶保持后，原来离散的数字信号变成了折线。这时还需要对零阶保持后的信号进行低通重构滤波，以使波形更加平滑，这个过程称为平滑处理。这样，数字信号就转换成了模拟信号，如图 3.18 所示。

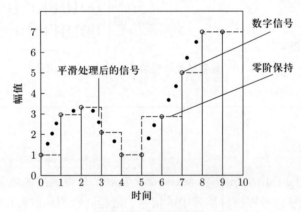

图 3.18 平滑处理

思考题

1. 某信号的频率范围为 5 Hz ~ 35 kHz，要从采样信号中无失真地恢复原信号，最小的采样频率是多少？
2. 某模拟信号为 $x(t) = 3\sin(500\pi t/3)$，求它的奈奎斯特采样频率。

第 4 章　数 字 信 号

4.1　数字信号描述方法

经过模数转换将自然界信号转换为数字信号。数字信号就成为在计算机、物联网等数字系统中的体现形式, 用以信号为载体的数据来表示物理世界中的任何信息。为了更好地分析处理数字信号, 需要从不同角度了解信号的特征。

4.1.1　时域与频域

1. 时域

时域 (time domain) 是描述数字信号与时间之间的关系, 表示数字信号随着时间的变化规律 [图 4.1(a)]。在时域图中, 横坐标轴是自变量时间, 纵坐标轴是信号的幅值。人们经历的事件都是按时间的先后顺序发生的, 即在时域中发生的, 所以说时域是真实世界实际存在的域。

2. 频域

频域 (frequency domain) 是描述数字信号与频率之间的关系, 表示信号包含的频率特征 [图 4.1(b)]。在频域图中, 横坐标轴是自变量频率, 纵坐标轴表示该频率信号的幅值。

时域和频域是观察信号的不同维度, 在时域不容易看到的现象, 在频域可以很清楚地看到。例如, 图 4.1(a) 是某信号的时域描述, 在时域中可以看到信号随时间的变化规律, 但不知道该信号包含哪些频率成分; 在频域中 [图 4.1(b)], 可以清楚地看到该信号主要包含 50 Hz 和 125 Hz 的频率成分。所以对信号进行时域和频域观察可以更全面地了解信号的信息, 它们是互相联系、缺一不可、相辅相成的。

图 4.2 表示了两个信号的时域和频域, 从时域中可以看出两个信号随时间的变化情况, 其中一个信号随时间变化慢, 另一个信号随时间变化快, 但是不知道两个信号的频率成分; 要想知道信号的频率成分, 就需要看频域描述, 从频域中看到慢的信号包含两个低一点的频率成分, 快的信号包括三个相对高一点的频率成分。

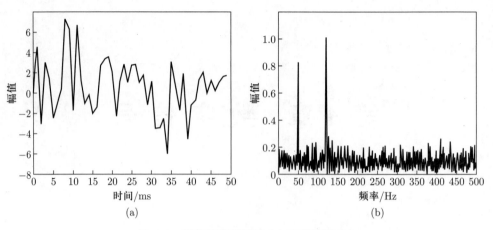

图 4.1 某信号的时域图 (a) 和频域图 (b)

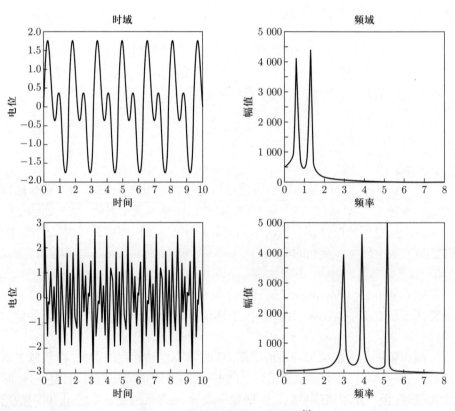

图 4.2 信号的时域图和频域图[8]

4.1.2 数字信号图示

为了直观地看到数字信号与时间之间的关系, 可用图来表示, 图的横坐标轴是用整数表示的采样点, 图的纵坐标轴表示信号的量化值, 信号值用圆圈表示, 如图 4.3 所示。

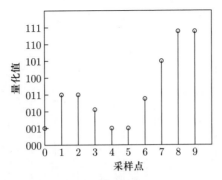

图 4.3 数字信号图示

通常在数字系统中, 数字信号的采样率是很大的, 如果用圆圈表示单个采样点的信号, 图示描述就会很拥挤 [图 4.4(a)], 为了具有更好的视觉效果, 这时经常用光滑曲线连接各采样点的信号 [图 4.4(b)]。

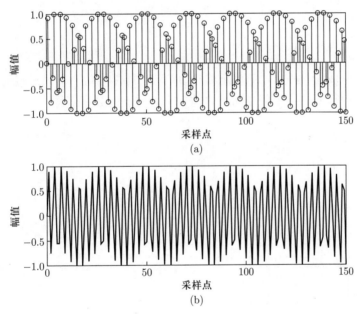

图 4.4 (a) 用圆圈表示各信号点, (b) 用光滑曲线连接各信号点

4.1.3 数字信号数学表示

为了在计算机中分析处理数字信号, 需要给数字信号赋予数学符号。这里用 $x[n]$ 表示数字信号, 其中, n 表示采样编号, $x[n]$ 表示第 n 个采样点的信号幅值。$x[0]$ 表示第 0 个采样点的数字信号, $x[1]$ 表示第 1 个采样点的数字信号, 依此类推。

例 4.1 某数字信号如图 4.5 所示, 试写出第 1 个采样点的值 $x[1]$、第 3 个采样点的值 $x[3]$ 和第 5 个采样点的值 $x[5]$。

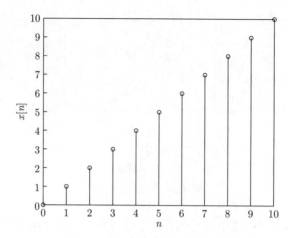

图 4.5 例 4.1 的数字信号图示

解: 根据图 4.5 可得

$x[1] = 1$

$x[3] = 3$

$x[5] = 5$

如图 4.6 所示, $x[n-1]$ 表示将 $x[n]$ 信号向右移动一个采样点的数字信号, $x[n-2]$ 表示将 $x[n-1]$ 信号向右移动一个采样点的数字信号, $x[2n]$ 信号的采样

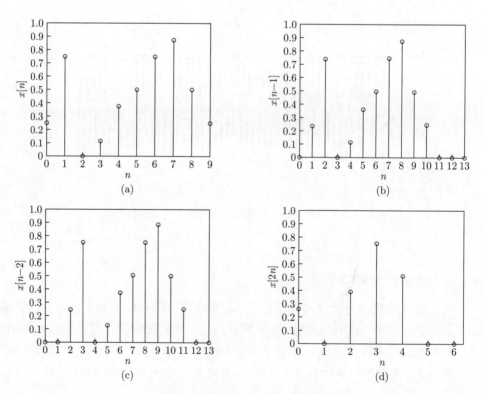

图 4.6 数字信号之间的转换[8]

间隔是 $x[n]$ 信号的两倍, $x[n+1]$ 表示将 $x[n]$ 信号向左移动一个采样点的信号[8]。

例 4.2 某模拟信号取值范围为 $0 \sim 2$ V, 采用 3 比特单极性量化进行模数转换, 得到如下数字信号: 100 001 101 000 110 010 111 001 110 100。试绘出该数字信号图示。

解: 一共有 10 个采样点, 令采样点 $n = 0, 1, 2, 3, 4, 5, 6, 7, 8, 9$

因为模拟量最大范围是 2 V, 所以 $R = 2$; 采用 3 比特量化, 即 $N = 3$。代入式 (3.3), 得

$$Q = \frac{R}{2^N} = \frac{2}{2^3} = 0.25$$

因为采用单极性量化, 最大量化步长是一个步长, 即 0.25, 由此得出表 4.1 所示的量化值。

表 4.1 例 4.2 量化表

量化值二进制编码	量化电平	模拟量范围/V
000	0.00	$0.00 \leqslant x < 0.25$
001	0.25	$0.25 \leqslant x < 0.50$
010	0.50	$0.50 \leqslant x < 0.75$
011	0.75	$0.75 \leqslant x < 1.00$
100	1.00	$1.00 \leqslant x < 1.25$
101	1.25	$1.25 \leqslant x < 1.50$
110	1.50	$1.50 \leqslant x < 1.75$
111	1.75	$1.75 \leqslant x < 2.00$

因为这个数字信号是 100 001 101 000 110 010 111 001 110 100, 所以结果如图 4.7 所示。

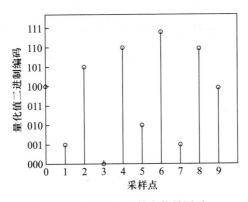

图 4.7 例 4.2 的数字信号图示

4.2 特殊函数

4.2.1 脉冲函数

脉冲函数也称 δ 函数, 是英国物理学家狄拉克 (Dirac) 在 20 世纪 20 年代提出的, 用于描述瞬间变化的物理量 (图 4.8), 例如点光源、点电荷等。

数字脉冲函数 $\delta[n]$ 的定义为

$$\delta[n] = \begin{cases} 1, & n = 0 \\ 0, & n \neq 0 \end{cases} \tag{4.1}$$

式中, n 为采样点。

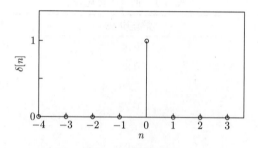

图 4.8 脉冲函数图示

例 4.3 求 $\delta[0]$、$\delta[3]$ 和 $\delta[-3]$。

解: 根据脉冲函数的定义, 得

$$\delta[0] = 1, \quad \delta[3] = 0, \quad \delta[-3] = 0$$

例 4.4 某数字信号如图 4.9 所示, 试写出该数字信号的数学函数表达式。

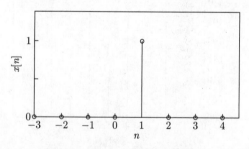

图 4.9 例 4.3 的数字信号图示

解: 因为图 4.9 所示信号是将 $\delta[n]$ 信号向右移动了一个采样点, 所以该信号的数学表达为

$$x[n] = \delta[n-1] = \begin{cases} 1, & n = 1 \\ 0, & n \neq 1 \end{cases}$$

例 4.5 某数字信号如图 4.10 所示, 试写出该数字信号的数学函数表达式。

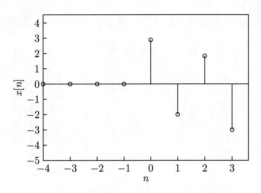

图 4.10 例 4.5 的数字信号图示

解: 该数字信号的数学函数表达式为

$$x[n] = 3\delta[n] - 2\delta[n-1] + 2\delta[n-2] - 3\delta[n-3]$$

4.2.2 阶跃函数

阶跃函数是从 0 跳变到 1 的特殊函数 (图 4.11), 具有类似 "阶跃" 的功能, 它的定义为

$$u[n] = \begin{cases} 0, & n < 0 \\ 1, & n \geqslant 0 \end{cases} \tag{4.2}$$

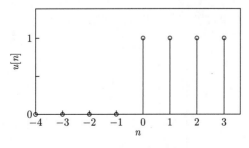

图 4.11 阶跃函数图示

在数字信号分析中, 可使用阶跃函数表示复杂的信号, 从而便于对复杂信号的一些特性进行研究。

例 4.6 求 $u[0]$、$u[3]$ 和 $u[-3]$ 各是多少?

解: 根据阶跃函数的定义, 得

$$u[0] = 1, \quad u[3] = 1, \quad u[-3] = 0$$

例 4.7 某数字信号如图 4.12 所示, 试写出该数字信号的数学函数表达式。

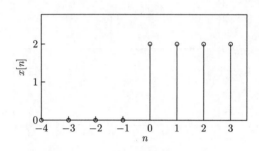

图 4.12 例 4.7 的数字信号图示

解: 该数字信号的数学函数表达式为

$$x[n] = 2u[n]$$

例 4.8 试绘出数字信号 $x[n] = 2u[-n]$ 的图示。

解: 令 $n' = -n$, 根据式 (4.2) 得表 4.2 所示计算结果。

表 4.2 例 4.8 计算过程

n	-2	-1	0	1	2	3
$n' = -n$	2	1	0	-1	-2	-3
$u[n']$	1	1	1	0	0	0
$x[n] = 2u[n']$	2	2	2	0	0	0

根据表 4.2 结果得出该数字信号图示, 如图 4.13 所示。

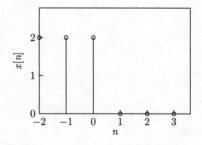

图 4.13 例 4.8 的数字信号图示

4.2.3　数字正弦函数和数字余弦函数

类似物理世界的正弦函数和余弦函数, 在数字世界中也有数字正弦函数和数字余弦函数。其定义如下:

$$x[n] = A\sin(n\Omega) \tag{4.3}$$

$$x[n] = A\cos(n\Omega) \tag{4.4}$$

式中, A 为振幅; Ω 为数字频率。

需要注意的是, 数字正弦 (余弦) 函数不一定是周期的, 数字频率也不等于模拟频率[8]。

数字频率与模拟频率之间的关系为

$$\Omega = 2\pi\frac{f}{f_s} \tag{4.5}$$

式中, f 为模拟频率, 单位为 Hz; f_s 为采样频率, 表示单位时间内从连续信号中提取并组成离散信号的采样个数, 单位为 Hz。

例 4.9　试证明表示数字频率与模拟频率之间关系的式 (4.5)。

解: 图 4.14 给出了模拟信号和对应的数字信号, 图中 M 点既是模拟信号曲线上的一点, 也是数字信号中的一点, 所以 M 点同时满足数字正弦函数和模拟正弦函数的公式, 即

$$x[n] = A\sin(n\Omega) \Leftrightarrow x(t) = A\sin(\omega t)$$

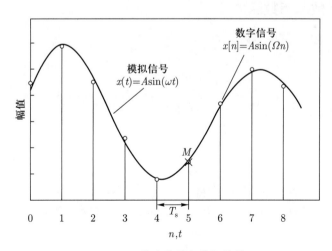

图 4.14　数字信号与模拟信号

在 M 点处有 $x[n] = x(t)$, $t = nT_s$, 其中 T_s 为采样周期, 其采样频率为 f_s, 且有

$$T_{\mathrm{s}} = \frac{1}{f_{\mathrm{s}}}$$

因为

$$\omega = 2\pi f$$

式中, f 为模拟频率。

所以有

$$t = nT_{\mathrm{s}} = \frac{n}{f_{\mathrm{s}}}$$

上述变量代入下式:

$$x(t) = A\sin(\omega t)$$

得

$$x(nT_{\mathrm{s}}) = A\sin\left(\frac{2\pi f}{f_{\mathrm{s}}}n\right)$$

将上式与下式对比:

$$x[n] = A\sin(\Omega n)$$

得出

$$\Omega = 2\pi\frac{f}{f_{\mathrm{s}}}$$

式中, Ω 为数字频率。

这样就得出了数字频率与模拟频率之间的关系式。

4.2.4 幂函数和指数函数

在数字系统中, 数字幂函数为

$$x[n] = A\alpha^{\beta n} \tag{4.6}$$

数字指数函数为

$$x[n] = Ae^{\beta n} \tag{4.7}$$

式中, n 为采样点; A 为振幅; α 为自变量; β 为常数; e $= 2.718\cdots$。

例 **4.10** 试绘出下面数字指数函数表示的数字信号的图示。

$$x[n] = 2e^{-0.5n}$$

解: 这里用 MATLAB 绘出该数字信号的图示 (图 4.15), 其代码如下:

```
n = -2:6;
y = 2*exp(-0.5*n);
```

```
stem(n,y),
xlabel('n');ylabel('x[n]')
```

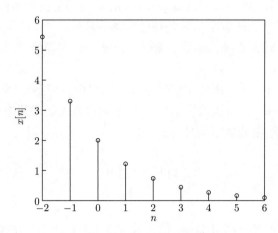

图 4.15 例 4.10 的数字信号图示

4.3 数字处理器

4.3.1 数字传感器

数字信号在机器人中具有类似人的神经信号的功能, 环境信息通过传感器转化为数字信号, 该数字信号被发送给机器人控制系统的处理器, 从而控制机器人的行为。

数字传感器是指将感知到的模拟量转换为数字量的传感器。机器人的感知系统相当于人的感官, 将机器人获取的外部环境信息转换为数字信号。

这里以声音感知为例, 图 4.16(a) 所示是机器人声音传感器感知的声音信号 (模拟信号) 的一部分, 经过声音传感器转换为对应的数字信号 [图 4.16(b)]。

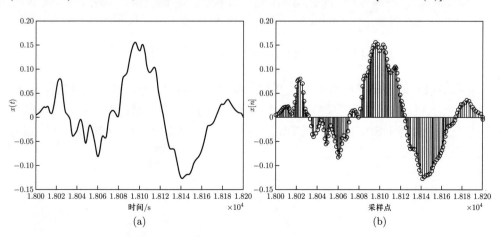

图 4.16 模拟信号 (a) 转换为数字信号 (b)

4.3.2 数字信号处理器

数字信号处理器 (digital signal processor, DSP) 是由大规模或超大规模集成电路芯片组成的用来完成数字信号处理任务的处理器, 它是机器人的 "大脑", 可实现对数字信号的运算、变换、滤波、增强、压缩、识别等处理, 以满足机器人控制所需要的信号形式。

例如在机器人中, 可使用数字信号处理器增强声音传感器感知的声音信号, 以达到最大的听觉效果。若将该数字信号 $x[n]$ 送到机器人处理器中进行放大处理, 如放大 k 倍, 处理后输出的数字信号 $y[n]$ 为

$$y[n] = kx[n] \tag{4.8}$$

式中, n 为采样点。

图 4.17(b) 所示是将图 4.17(a) 信号放大 2 倍 ($k = 2$) 后的输出结果, 其数学表达式为

$$y[n] = 2x[n]$$

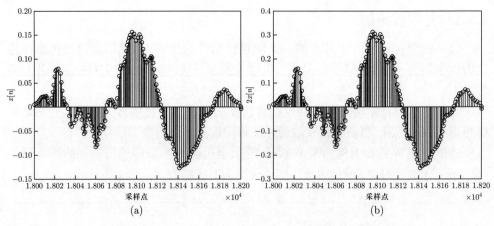

图 4.17 放大处理前 (a) 和处理后 (b) 的数字信号图示

数字信号处理器是各种数字化智能设备的关键部件, 包括机器人、智能家居、汽车、无人机、数控机床等都需要嵌入各类不同的数字信号处理器。数字信号处理器的开发平台有 DSP、ARM、CPU、GPU 等。图 4.18 是数字传感器与数字信号处理器的关系示意。

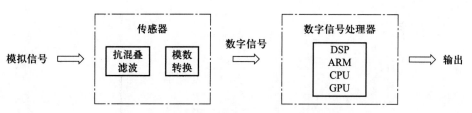

图 4.18 数字传感器与数字信号处理器的关系

思考题

1. 求出数字信号 $x[n] = 3\delta[n] - 4\delta[n-1] + 2\delta[n-2] - 4\delta[n-3]$ 前 5 个采样点的值。

2. 绘出数字信号 $x[n] = u[n] + 2u[n-2]$ 的图示。

第 5 章　差分方程与 z 变换

5.1　差分方程

计算机是对数学符号进行运算的工具, 数学方程是符号运算的一种重要形式。为了在计算机中分析处理数字信号, 也需要建立运算方程, 差分方程就是其中一种形式。

5.1.1　差分方程的定义

1. 建立差分方程的前提条件

在数字信号处理中, 需要建立方程 (即差分方程)。这种差分方程要求数字系统满足线性、时不变和因果关系。这里的系统是指对数字信号具有某种作用的事物整体[8]。

线性系统 (图 5.1) 满足叠加原理: 若输入 x_1 的输出为 y_1, 输入 x_2 的输出为 y_2, 当输入为两者之和 $(x_1 + x_2)$ 时, 输出为两个输出之和 $(y_1 + y_2)$。可以表示为

$$y = y_1 + y_2 = ax_1 + bx_2 \tag{5.1}$$

式中, a 和 b 为权重系数。

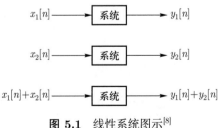

图 5.1　线性系统图示[8]

不满足叠加原理的系统称为非线性系统, 如立方系统: $y = x^3$。

时不变系统: 系统参数不随时间改变, 如果系统的输入数字信号存在延迟, 则输出的数字信号也会有相同时间的延迟, 如图 5.2 所示。

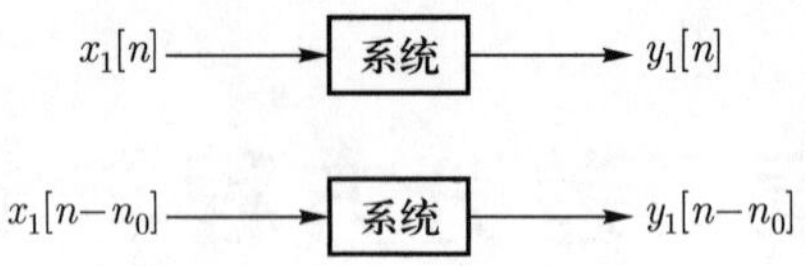

$x_1[n] \longrightarrow$ 系统 $\longrightarrow y_1[n]$

$x_1[n-n_0] \longrightarrow$ 系统 $\longrightarrow y_1[n-n_0]$

图 5.2 时不变系统图示[8]

因果关系系统: 系统输出的数字信号取决于现在和以前系统输入的数字信号, 而与以后系统输入的数字信号无关。

2. 差分方程的定义

如果一个数字系统满足上述的线性、时不变和因果关系, 可以用差分方程来表示系统输入与输出之间的关系。差分方程的一般表达式如下:

$$\sum_{k=0}^{N} a_k y[n-k] = \sum_{k=0}^{M} b_k x[n-k] \tag{5.2}$$

式中, $x[n]$ 为系统现在的输入信号; $x[n-1]$ 为系统在 $x[n]$ 前一个采样点的输入信号; $x[n-2]$ 为系统在 $x[n-1]$ 前一个采样点的输入信号; $y[n]$ 为系统现在的输出信号; $y[n-1]$ 为系统在 $y[n]$ 前一个采样点的输出信号; $y[n-2]$ 为系统在 $y[n-1]$ 前一个采样点的输出信号; a_k、b_k 为权重系数; N、M 为整数, 通常称为滤波器的阶数。

式 (5.2) 展开为

$$a_0 y[n] + a_1 y[n-1] + a_2 y[n-2] + \cdots + a_N y[n-N]$$
$$= b_0 x[n] + b_1 x[n-1] + b_2 x[n-2] + \cdots + b_M x[n-M]$$

令 $a_0 = 1$, 得

$$y[n] = -a_1 y[n-1] - a_2 y[n-2] - \cdots - a_N y[n-N] +$$
$$b_0 x[n] + b_1 x[n-1] + b_2 x[n-2] + \cdots + b_M x[n-M]$$

所以

$$y[n] = -\sum_{k=1}^{N} a_k y[n-k] + \sum_{k=0}^{M} b_k x[n-k] \tag{5.3}$$

由式 (5.3) 可见, 现在的输出 $y[n]$ 取决于以前的输出 $y[n-k]$、现在和以前的输入 $x[n]$ 和 $x[n-k]$, 与以后的输入和输出无关, 满足因果关系。

例 5.1 求下面差分方程的前 6 个输出。

$$y[n] = 0.2y[n-1] + x[n]$$

其中, 输入信号为阶跃函数, 即 $x[n] = u[n]$。

解: $n = 0$ 时, $y[-1] = 0$ (不存在)

$y[0] = 0.2y[-1] + x[0] = 0.2 \times 0 + 1 = 1$

$y[1] = 0.2y[0] + x[1] = 0.2 \times 1 + 1 = 1.2$

$y[2] = 0.2y[1] + x[2] = 0.2 \times 1.2 + 1 = 1.24$

$y[3] = 0.2y[2] + x[3] = 0.2 \times 1.24 + 1 = 1.248$

$y[4] = 0.2y[3] + x[4] = 0.2 \times 1.248 + 1 = 1.249\,6$

$y[5] = 0.2y[4] + x[5] = 0.2 \times 1.249\,6 + 1 = 1.249\,92$

由图 5.3 可以看出, 经过差分方程运算后, 输入的数字信号 (阶跃函数) 在时域和频域都发生了变化。差分方程属于一种数字系统, 它能改变数字信号的特征。

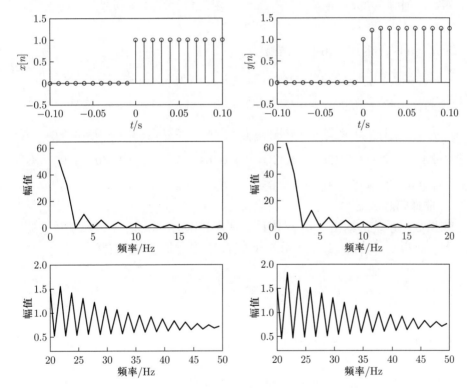

图 5.3 差分方程运算前后信号的时域和频域图示

5.1.2 数字滤波器

由例 5.1 可见, 通过差分方程运算, 不仅信号的时域特征发生了变化, 信号的频域特征也发生了变化。使信号的频域特征发生变化的过程称为滤波。可见差分方程具有滤波的作用。所以差分方程也被称为数字滤波器。按照差分方程的形式，可以将数字滤波器分为递归滤波器和非递归滤波器。

1. 递归滤波器

如果数字系统的输出 $y[n]$ 依赖于现在和以前的输入及过去的输出 $y[n-k]$，可以表示为式 (5.4) 所示差分方程，则称为递归滤波器。

$$y[n] = -\sum_{k=1}^{N} a_k y[n-k] + \sum_{k=0}^{M} b_k x[n-k] \tag{5.4}$$

例 5.2 求下面差分方程的前 5 个输出。

$$y[n] = y[n-1] + 0.5x[n] + 0.4x[n-1]$$

其中，输入信号为脉冲函数，即 $x[n] = \delta[n]$。

解： $\because x[n] = \delta[n]$

$\therefore y[n] = y[n-1] + 0.5\delta[n] + 0.4\delta[n-1]$

$n = 0$ 时，$y[-1] = 0$ (不存在)

$y[0] = y[-1] + 0.5\delta[0] + 0.4\delta[-1] = 1 \times 0 + 0.5 \times 1 + 0.4 \times 0 = 0.5$

$y[1] = y[0] + 0.5\delta[1] + 0.4\delta[0] = 1 \times 0.5 + 0.5 \times 0 + 0.4 \times 1 = 0.9$

$y[2] = y[1] + 0.5\delta[2] + 0.4\delta[1] = 1 \times 0.9 + 0.5 \times 0 + 0.4 \times 0 = 0.9$

$y[3] = y[2] + 0.5\delta[3] + 0.4\delta[2] = 1 \times 0.9 + 0.5 \times 0 + 0.4 \times 0 = 0.9$

$y[4] = y[3] + 0.5\delta[4] + 0.4\delta[3] = 1 \times 0.9 + 0.5 \times 0 + 0.4 \times 0 = 0.9$

2. 非递归滤波器

如果数字系统的输出 $y[n]$ 仅依赖于现在和以前的输入，不依赖于过去的输出 $y[n-k]$，可以表示为式 (5.5) 所示差分方程，则称为非递归滤波器。

$$y[n] = \sum_{k=0}^{M} b_k x[n-k] \tag{5.5}$$

例 5.3 求下面差分方程的前 5 个输出。

$$y[n] = 0.5x[n] + 0.4x[n-1]$$

其中，输入信号为脉冲函数，即 $x[n] = \delta[n]$。

解： $\because x[n] = \delta[n]$

$\therefore y[n] = 0.5\delta[n] + 0.4\delta[n-1]$

$y[0] = 0.5\delta[0] + 0.4\delta[-1] = 0.5 \times 1 + 0.4 \times 0 = 0.5$

$y[1] = 0.5\delta[1] + 0.4\delta[0] = 0.5 \times 0 + 0.4 \times 1 = 0.4$

$$y[2] = 0.5\delta[2] + 0.4\delta[1] = 0.5 \times 0 + 0.4 \times 0 = 0$$
$$y[3] = 0.5\delta[3] + 0.4\delta[2] = 0.5 \times 0 + 0.4 \times 0 = 0$$
$$y[4] = 0.5\delta[4] + 0.4\delta[3] = 0.5 \times 0 + 0.4 \times 0 = 0$$

5.1.3 差分方程流图

为了直观地看到差分方程各个部分之间的关系, 可用图来表示, 这种差分方程的图示称为差分方程流图。图 5.4 所示为差分方程流图的基本单元。

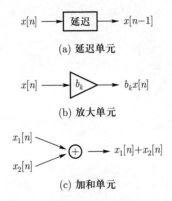

(a) 延迟单元

(b) 放大单元

(c) 加和单元

图 5.4 差分方程流图的基本单元[8]

非递归滤波器 [式 (5.5)] 的差分方程流图如图 5.5 所示。

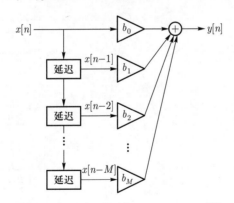

图 5.5 非递归滤波器的差分方程流图[8]

例 5.4 绘出下面差分方程的流图。

$$y[n] = 0.5x[n] + 0.4x[n-1] - 0.2x[n-2]$$

解: 该差分方程的流图如图 5.6 所示。

例 5.5 写出图 5.7 所示流图的差分方程。

解: 图 5.7 对应的差分方程为 $y[n] = x[n] - 0.3x[n-2] + 0.7x[n-3]$

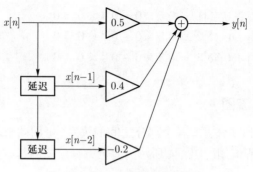

图 5.6 例 5.4 差分方程的流图

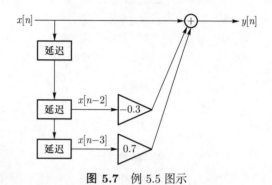

图 5.7 例 5.5 图示

递归滤波器 [式 (5.4)] 的差分方程流图如图 5.8 所示。

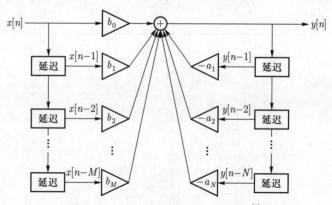

图 5.8 递归滤波器的差分方程流图[8]

5.2 系统响应

5.2.1 脉冲响应

脉冲响应是数字系统在输入为脉冲函数时的输出 (响应)。这里输入信号的脉冲函数为 $\delta[n]$, 系统的脉冲响应表示为 $h[n]$, 称为脉冲响应函数 (图 5.9)。

图 5.9 脉冲响应图示

(1) 无限脉冲响应 (infinite impulse response, IIR): 脉冲响应不立即下降为零的、有无穷长度的脉冲响应。它是脉冲函数进入递归滤波器的结果。

例 5.6 求下面差分方程 (递归滤波器) 脉冲响应的前 6 个输出值。

$$y[n] - 0.4y[n-1] = x[n] - x[n-1]$$

解: 用 $\delta[n]$ 代替 $x[n]$, 脉冲响应用 $h[n]$ 表示, 即用 $h[n]$ 代替 $y[n]$, 可得

$$h[n] - 0.4h[n-1] = \delta[n] - \delta[n-1]$$

$$h[n] = 0.4h[n-1] + \delta[n] - \delta[n-1]$$

$\delta[0] = 1$, 其他为零, 满足因果关系, 脉冲响应在 $n = 0$ 前为零

$h[0] = 0.4h[-1] + \delta[0] - \delta[-1] = 0.4 \times 0 + 1 - 0 = 1$

$h[1] = 0.4h[0] + \delta[1] - \delta[0] = 0.4 \times 1 + 0 - 1 = -0.6$

$h[2] = 0.4h[1] + \delta[2] - \delta[1] = 0.4 \times (-0.6) + 0 - 0 = -0.24$

$h[3] = 0.4h[2] + \delta[3] - \delta[2] = 0.4 \times (-0.24) + 0 - 0 = -0.096$

$h[4] = 0.4h[3] + \delta[4] - \delta[3] = 0.4 \times (-0.096) + 0 - 0 = -0.038\,4$

$h[5] = 0.4h[4] + \delta[5] - \delta[4] = 0.4 \times (-0.038\,4) + 0 - 0 = -0.015\,36$

该脉冲响应即为 IIR, 如图 5.10 所示。

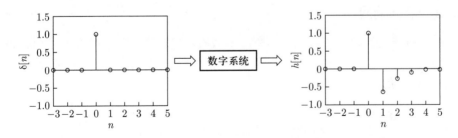

图 5.10 例 5.6 无限脉冲响应图示[8]

(2) 有限脉冲响应 (finite impulse response, FIR): 脉冲响应在有限个非零值后立即下降为零, 这种脉冲响应称为有限脉冲响应。它是脉冲函数进入非递归滤波器的结果。

例 5.7 求下面差分方程 (非递归滤波器) 脉冲响应的前 6 个输出值。

$$y[n] = 0.25(x[n] + x[n-1] + x[n-2] + x[n-3])$$

解: 用 $\delta[n]$ 代替 $x[n]$, 脉冲响应用 $h[n]$ 表示, 即用 $h[n]$ 代替 $y[n]$, 可得

$$h[n] = 0.25(\delta[n] + \delta[n-1] + \delta[n-2] + \delta[n-3])$$

$\delta[0] = 1$, 其他为零, 满足因果关系, 脉冲响应在 $n = 0$ 前为零

$h[0] = 0.25(\delta[0] + \delta[-1] + \delta[-2] + \delta[-3]) = 0.25 \times (1 + 0 + 0 + 0) = 0.25$

$h[1] = 0.25(\delta[1] + \delta[0] + \delta[-1] + \delta[-2]) = 0.25 \times (0 + 1 + 0 + 0) = 0.25$

$h[2] = 0.25(\delta[2] + \delta[1] + \delta[0] + \delta[-1]) = 0.25 \times (0 + 0 + 1 + 0) = 0.25$

$h[3] = 0.25(\delta[3] + \delta[2] + \delta[1] + \delta[0]) = 0.25 \times (0 + 0 + 0 + 1) = 0.25$

$h[4] = 0.25(\delta[4] + \delta[3] + \delta[2] + \delta[1]) = 0.25 \times (0 + 0 + 0 + 0) = 0$

$h[5] = 0.25(\delta[5] + \delta[4] + \delta[3] + \delta[2]) = 0.25 \times (0 + 0 + 0 + 0) = 0$

该脉冲响应即为 FIR, 如图 5.11 所示。

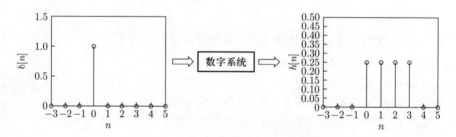

图 5.11 例 5.7 有限脉冲响应图示[8]

5.2.2 阶跃响应

阶跃响应是数字系统在输入为阶跃函数时的输出 (响应)。它是在非常短的时间之内, 系统在输入量从 0 跳变为 1 时的输出响应。这里输入信号的阶跃函数为 $u[n]$, 系统的阶跃响应表示为 $s[n]$, 称为阶跃响应函数 (图 5.12)。

图 5.12 阶跃响应图示

例 5.8　求下面差分方程阶跃响应的前 6 个输出值[8]。

$$y[n] - 0.2y[n-2] = 0.5x[n] + 0.3x[n-1]$$

解: 用 $u[n]$ 代替 $x[n]$, 脉冲响应用 $s[n]$ 表示, 即用 $s[n]$ 代替 $y[n]$, 可得

$$s[n] - 0.2s[n-2] = 0.5u[n] + 0.3u[n-1]$$
$$s[n] = 0.2s[n-2] + 0.5u[n] + 0.3u[n-1]$$

可得

$$s[0] = 0.2s[-2] + 0.5u[0] + 0.3u[-1] = 0.2 \times 0 + 0.5 \times 1 + 0.3 \times 0 = 0.5$$
$$s[1] = 0.2s[-1] + 0.5u[1] + 0.3u[0] = 0.2 \times 0 + 0.5 \times 1 + 0.3 \times 1 = 0.8$$
$$s[2] = 0.2s[0] + 0.5u[2] + 0.3u[1] = 0.2 \times 0.5 + 0.5 \times 1 + 0.3 \times 1 = 0.9$$
$$s[3] = 0.2s[1] + 0.5u[3] + 0.3u[2] = 0.2 \times 0.8 + 0.5 \times 1 + 0.3 \times 1 = 0.96$$
$$s[4] = 0.2s[2] + 0.5u[4] + 0.3u[3] = 0.2 \times 0.9 + 0.5 \times 1 + 0.3 \times 1 = 0.98$$
$$s[5] = 0.2s[3] + 0.5u[5] + 0.3u[4] = 0.2 \times 0.96 + 0.5 \times 1 + 0.3 \times 1 = 0.992$$

5.3　z 变换

5.3.1　z 变换基础

z 变换 (z transformation) 是对数字信号的一种数学变换, 是数字信号处理中的重要工具, 它将时域信号变换为在 z 复频域的表达式, 即把差分方程转换为 z 域的数学方程, 使数字系统的分析得以简化, 还可用来分析系统的时域特性、频率响应及稳定性等。

若数字信号为 $x[n]$, 则其 z 变换 $X(z)$ 定义为

$$X(z) = \sum_{n=0}^{\infty} x[n]z^{-n} \tag{5.6}$$

同理, 数字信号 $y[n]$ 的 z 变换 $Y(z)$ 定义为

$$Y(z) = Z\{y[n]\} \tag{5.7}$$

例 5.9　若 $x[n] = \delta[n-1]$, 求 $x[n]$ 的 z 变换 $X(z)$。
解: $\delta[n-1]$ 只在 $n=1$ 处有非零值, 所以有

$$Z\{x[n]\} = X(z) = \sum_{n=0}^{\infty} \delta[n-1]z^{-n} = \delta[0]z^{-1} = \frac{1}{z}$$

因为上式中, 如果 $z = 0$, 则 $X(z)$ 没有意义, 所以上式要求 $z \neq 0$。可见 z 的取值范围是有限制的。这样就有了如下定义, 即

z 变换的收敛域: 在 z 平面上, 使得 $x[n]$ 的 z 变换 $X(z)$ 有意义的 z 的取值范围。

因此例 5.9 中, $\delta[n-1]$ 的 z 变换的收敛域是 $z \neq 0$ 的区域。

例 5.10 计算 $\delta[n]$ 的 z 变换。

解: $\delta[n]$ 只在 $n = 0$ 处有非零值, 所以有

$$Z\{x[n]\} = \sum_{n=0}^{\infty} \delta[n] z^{-n} = \delta[0] = 1$$

该 z 变换的收敛域为整个 z 平面。

比较 $\delta[n]$ 与 $\delta[n-1]$ 的 z 变换结果, 可见 $Z\{\delta[n-1]\} = z^{-1} Z\{\delta[n]\}$。

5.3.2　z 变换的特性

如果数字信号 $x[n]$ 的 z 变换为 $X(z)$, 则 $x[n-1]$ 的 z 变换为

$$Z\{x[n-1]\} = z^{-1} X(z) \tag{5.8}$$

根据式 (5.8) 进行推广, $x[n-k]$ 的 z 变换为

$$Z\{x[n-k]\} = z^{-k} X(z) \tag{5.9}$$

式 (5.8) 和式 (5.9) 称为 z 变换的时移特性。

例 5.11 试证明 z 变换的时移特性式 (5.8)。

解: 若信号 $x[n]$ 的 z 变换为 $X(z)$, 令 $y[n] = x[n-1]$, 那么 $y[n]$ 的 z 变换为

$$Y(z) = \sum_{n=0}^{\infty} x[n-1] z^{-n}$$

令 $m = n - 1$, 则 $n = m + 1$, 可得

$$Y(z) = \sum_{m=-1}^{\infty} x[m] z^{-m-1}$$

因为 $x[-1] = 0$, 所以上式为

$$Y(z) = \sum_{m=0}^{\infty} x[m] z^{-m-1} = \left(\sum_{m=0}^{\infty} x[m] z^{-m} \right) z^{-1} = z^{-1} X(z)$$

即

$$Z\{x[n-1]\} = z^{-1}X(z)$$

由此可见, 在 z 域中的因子 z^{-1} 相当于在时域中的一个采样时间间隔的延迟 (图 5.13)。

z 变换的时移特性与差分方程流图的对应关系如图 5.14 所示。

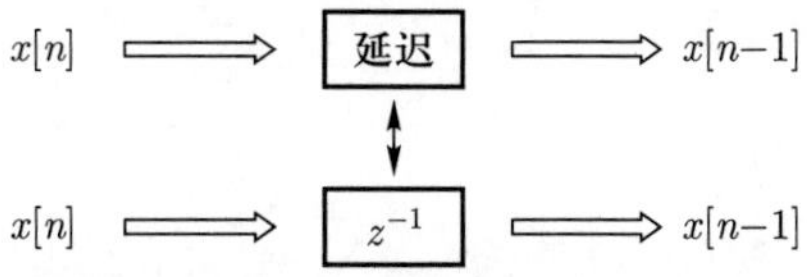

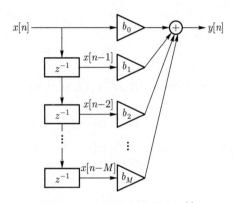

图 5.13 z 域中的因子 z^{-1} 相当于在时域中的一个采样时间间隔的延迟

图 5.14 z 变换与差分方程[8]

例 5.12 利用 z 变换的时延特性, 求下面函数 $x[n]$ 的 z 变换 $X(z)$。

$$x[n] = \delta[n] + 0.2\delta[n-1] + 0.5\delta[n-2]$$

解: $\because Z\{\delta[n]\} = \sum_{n=0}^{\infty} \delta[n]z^{-n} = \delta[0] = 1$

$\therefore Z\{x[n]\} = \sum_{n=0}^{\infty} x[n]z^{-n} = x[0]z^0 + x[1]z^{-1} + x[2]z^{-2}$

$\because \delta[n]$ 只有在 $n = 0$ 处有非零值, 即 $\delta[n] = 1$, 可得

$$x[0] = \delta[0] + 0.2\delta[0-1] + 0.5\delta[0-2] = 1 + 0 + 0 = 1$$

$$x[1] = \delta[1] + 0.2\delta[1-1] + 0.5\delta[1-2] = 0 + 0.2 + 0 = 0.2$$

$$x[2] = \delta[2] + 0.2\delta[2-1] + 0.5\delta[2-2] = 0 + 0 + 0.5 = 0.5$$

$\therefore Z\{x[n]\} = \sum_{n=0}^{\infty} x[n]z^{-n} = x[0]z^0 + x[1]z^{-1} + x[2]z^{-2}$

$$= 1 + 0.2z^{-1} + 0.5z^{-2}$$

5.4 传输函数

5.4.1 传输函数的定义

通过 z 变换, 可将差分方程转化为较简单的频域数学方程。下面过程是将差分方程变换到 z 域中。

根据差分方程定义

$$\sum_{k=0}^{N} a_k y[n-k] = \sum_{k=0}^{M} b_k x[n-k] \tag{5.10}$$

展开上式两端, 得

$$a_0 y[n] + a_1 y[n-1] + \cdots + a_N y[n-N] = b_0 x[n] + b_1 x[n-1] + \cdots + b_M x[n-M]$$

对上式两端做 z 变换, 令 $x[n]$ 的 z 变换为 $X(z)$, $y[n]$ 的 z 变换为 $Y(z)$, 可得

$$a_0 Y(z) + a_1 z^{-1} Y(z) + \cdots + a_N z^{-N} Y(z) = b_0 X(z) + b_1 z^{-1} X(z) + \cdots + b_M z^{-M} X(z)$$

$$(a_0 + a_1 z^{-1} + \cdots + a_N z^{-N}) Y(z) = (b_0 + b_1 z^{-1} + \cdots + b_M z^{-M}) X(z)$$

进一步整理可得

$$\frac{Y(z)}{X(z)} = \frac{b_0 + b_1 z^{-1} + \cdots + b_M z^{-M}}{a_0 + a_1 z^{-1} + \cdots + a_N z^{-N}} = \frac{\displaystyle\sum_{k=0}^{M} b_k z^{-k}}{\displaystyle\sum_{k=0}^{N} a_k z^{-k}}$$

令

$$H(z) = \frac{Y(z)}{X(z)} = \frac{b_0 + b_1 z^{-1} + \cdots + b_M z^{-M}}{a_0 + a_1 z^{-1} + \cdots + a_N z^{-N}} = \frac{\displaystyle\sum_{k=0}^{M} b_k z^{-k}}{\displaystyle\sum_{k=0}^{N} a_k z^{-k}} \tag{5.11}$$

$H(z)$ 称为传输函数。

5.4.2 传输函数与差分方程

式 (5.11) 可以写成如下形式:

$$Y(z) = H(z) X(z) \tag{5.12}$$

可见, 传输函数 $H(z)$ 描述了差分方程在 z 域中输入与输出之间的关系。

例 5.13 求下面差分方程的传输函数。

$$y[n] + y[n-1] + 0.9y[n-2] = x[n-1] + x[n-3]$$

解: 假设 $Z\{x[n]\} = X(z)$, $Z\{y[n]\} = Y(z)$

对差分方程两侧做 z 变换, 得

$$Y(z) + z^{-1}Y(z) + 0.9z^{-2}Y(z) = z^{-1}X(z) + z^{-3}X(z)$$

整理得

$$(1 + z^{-1} + 0.9z^{-2})Y(z) = (z^{-1} + z^{-3})X(z)$$

因此该差分方程的传输函数为

$$H(z) = \frac{Y(z)}{X(z)} = \frac{z^{-1} + z^{-3}}{1 + z^{-1} + 0.9z^{-2}}$$

例 5.14 求下面传输函数对应的差分方程。

$$H(z) = \frac{Y(z)}{X(z)} = \frac{2 + 0.2z^{-1}}{1 - 0.3z^{-1}}$$

解: 根据传输函数, 可得

$$(1 - 0.3z^{-1})Y(z) = (2 + 0.2z^{-1})X(z)$$

$$Y(z) - 0.3z^{-1}Y(z) = 2X(z) + 0.2z^{-1}X(z)$$

上式两侧做 z 逆变换, 得差分方程如下:

$$y[n] - 0.3y[n-1] = 2x[n] + 0.2x[n-1]$$

5.4.3 传输函数与稳定性

1. 极点与零点

根据式 (5.11):

$$H(z) = \frac{Y(z)}{X(z)} = \frac{b_0 + b_1 z^{-1} + \cdots + b_M z^{-M}}{a_0 + a_1 z^{-1} + \cdots + a_N z^{-N}} = \frac{\sum_{k=0}^{M} b_k z^{-k}}{\sum_{k=0}^{N} a_k z^{-k}}$$

传输函数分母为零时 z 的取值定义为极点。传输函数分子为零时 z 的取值定义为零点。

例 5.15 求下面传输函数的零点和极点。

$$H(z) = \frac{Y(z)}{X(z)} = \frac{2 + 0.2z^{-1}}{1 - 0.3z^{-1}}$$

解: 该传输函数可以写成如下形式:

$$H(z) = \frac{Y(z)}{X(z)} = \frac{2z + 0.2}{z - 0.3}$$

根据零点的定义, 可得

$$2z + 0.2 = 0$$

$$z = -0.1$$

可见只有一个零点, 为 $z = -0.1$。

根据极点的定义, 可得

$$z - 0.3 = 0$$

$$z = 0.3$$

可见只有一个极点, 为 $z = 0.3$。

z 域内, z 是个复变量, 它具有实部和虚部, 以 z 的实部为横坐标、虚部为纵坐标构成的平面称为 z 平面。这里, 在 z 平面内用 × 表示极点、。表示零点, 如图 5.15 所示。

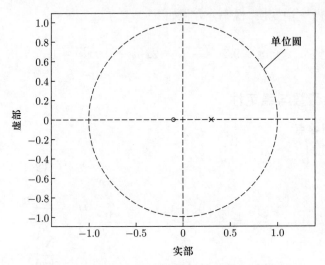

图 5.15 例 5.15 中极点和零点在 z 平面上的表示

2. 稳定性判据

稳定: 如果数字系统的输入为大小有限的值, 数字滤波器的输出总是稳定在一定的规律上, 这种数字系统是稳定的[8]。

不稳定: 若数字系统的输入有小的改变, 数字滤波器的输出将发生很大的变化, 这种数字系统是不稳定的[8]。

稳定性判据: 在 z 平面内, 以原点为圆心、半径为 1 画个单位圆, 若数字滤波器的所有极点都在单位圆内, 则滤波器是稳定的; 若单位圆上有极点, 则滤波器是临界稳定的; 若单位圆外有极点, 则滤波器是不稳定的 (图 5.16)[8]。

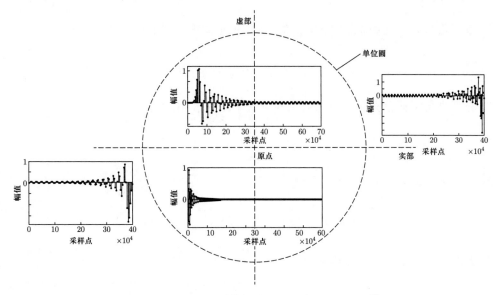

图 5.16 z 平面上单位圆与数字滤波器的稳定性[8]

例 5.16 若某数字系统的传输函数为

$$H(z) = \frac{2 - 3z^{-2}}{1 + 0.5z^{-1} + 0.4z^{-2}}$$

试讨论该系统的稳定性。

解: 传输函数可写成

$$H(z) = \frac{2z^2 - 3}{z^2 + 0.5z + 0.4}$$

由于极点是传输函数分母为零时 z 的取值, 所以有

$$z^2 + 0.5z + 0.4 = 0$$

解上述一元二次方程, 得

$$z = \frac{-0.5 \pm \sqrt{0.5^2 - 4 \times 1 \times 0.4}}{2 \times 1} = \frac{-0.5 \pm \mathrm{j}\sqrt{1.35}}{2} = -0.25 \pm 0.58\mathrm{j}$$

因此有两个极点, 为

$$|z| = 0.63 < 1$$

均在单位圆内, 因此该数字系统是稳定的。

思考题

1. 求下面差分方程的前 10 个输出值, 并绘出该差分方程的流图。

$$y[n] = y[n-1] + x[n] + 0.2x[n-1]$$

2. 分别求出下面差分方程脉冲响应和阶跃响应的前 10 个值。

$$y[n] - y[n-1] = x[n] - x[n-1] + x[n-2]$$

3. 求下面数字信号的 z 变换。

$$x[n] = 3\delta[n] - 4\delta[n-1] + 2\delta[n-2] - 4\delta[n-3]$$

4. 求下面差分方程的传输函数。

$$y[n] = x[n] + 2x[n-2]$$

5. 求下面传输函数的差分方程, 并讨论该数字系统的稳定性。

$$H(z) = \frac{Y(z)}{X(z)} = \frac{z}{(z-1)(3z-1)}$$

第 6 章 卷积与傅里叶变换

6.1 卷积

卷积、差分方程、傅里叶变换等是数字信号处理中的重要运算。通常, 针对数字信号处理中的问题, 可以使用这些运算及其组合来进行求解。

6.1.1 卷积的定义

两个数字信号在时域内的卷积对应频域内的乘积, 而在频域内的卷积对应时域内的乘积。这样通过卷积运算使得数字信号在频域的求解变得简单。

若某数字系统的脉冲响应为 $h[n]$, 如果该系统的输入信号为 $x[n]$, 则输出信号 $y[n]$ 为输入信号 $x[n]$ 与系统脉冲响应 $h[n]$ 的卷积, 即

$$y[n] = \sum_{k=-\infty}^{\infty} x[k]h[n-k] = x[n] * h[n] \tag{6.1}$$

上式右侧为卷积运算。

例 6.1 试证明式 (6.1)。

解: 根据脉冲函数的定义:

$$\delta[n] = \begin{cases} 1, & n = 0 \\ 0, & n \neq 0 \end{cases}$$

输入信号 $x[n]$ 可以表示为

$$x[n] = x[0]\delta[n] + x[1]\delta[n-1] + x[2]\delta[n-2] + \cdots + x[N]\delta[n-N]$$

进一步可以表示为下式:

$$x[n] = \sum_{k=0}^{N} x[k]\delta[n-k]$$

若输入为脉冲 $\delta[n-k]$, 则对应的输出脉冲响应为 $h[n-k]$; 若输入为 $x[n]$, 则对应的输出为 $y[n]$。

这样可以得到:

$$y[n] = \sum_{k=0}^{N} x[k]h[n-k]$$

上式右侧为卷积运算, 可以用卷积运算符号表示为

$$y[n] = \sum_{k=0}^{N} x[k]h[n-k] = x[n] * h[n]$$

证明完毕。

式 (6.1) 可以写成另外一种表示形式, 具体如下:

$$y[n] = \sum_{k=-\infty}^{+\infty} x[k]h[n-k] \Rightarrow \sum_{k=-\infty}^{+\infty} h[k]x[n-k] \tag{6.2}$$

怎么得到的呢?

令 $m = n - k$, 则 $k = n - m$, 代入上述公式可得

$$y[n] = \sum_{m=-\infty}^{+\infty} x[n-m]h[m]$$

所以卷积可以表示为下面两种形式:

$$y[n] = \sum_{k=-\infty}^{+\infty} x[k]h[n-k]$$

$$y[n] = \sum_{k=-\infty}^{+\infty} h[k]x[n-k]$$

6.1.2 卷积与差分方程

数字系统中输入与输出之间的关系不仅可以用差分方程来描述, 即

$$\sum_{k=0}^{N} a_k y[n-k] = \sum_{k=0}^{M} b_k x[n-k]$$

也可以用卷积来描述, 即

$$y[n] = \sum_{k=-\infty}^{+\infty} x[k]h[n-k] = x[n] * h[n]$$

对于同一数字系统, 上述两种数学形式是可以互相转换的。

若某数字系统的脉冲响应为 $h[n]$, 则系统的传输函数 $H(z)$ 为系统脉冲响应 $h[n]$ 的 z 变换, 即

$$H(z) = \sum_{n=0}^{+\infty} h[n]z^{-n} \tag{6.3}$$

例 6.2 试推导式 (6.3)。

解: $\because y[n] = x[n] * h[n] = \sum_{k=-\infty}^{+\infty} x[k]h[n-k]$

且单位脉冲响应在零以前是没有采样点的

$\therefore y[n] = \sum_{k=0}^{+\infty} x[k]h[n-k]$

对上式两端做 z 变换, 令 $Y(z)$ 为 $y[n]$ 的 z 变换, $X(z)$ 为 $x[n]$ 的 z 变换, 可得

$$Y(z) = \sum_{n=0}^{+\infty}\left(\sum_{k=0}^{+\infty} x[k]h[n-k]\right)z^{-n} = \sum_{n=0}^{+\infty}\sum_{k=0}^{+\infty} x[k]h[n-k]z^{-(n-k)}z^{-k}$$

$$= \sum_{k=0}^{+\infty} x[k]z^{-k}\sum_{n=0}^{+\infty} h[n-k]z^{-(n-k)}$$

$\because$ 滤波器具有因果关系, 所以上式第二个求和中从 $n = k$ 开始, 而不是 $n = 0$

$\therefore Y(z) = \sum_{k=0}^{+\infty} x[k]z^{-k}\sum_{n=k}^{+\infty} h[n-k]z^{-(n-k)}$

令 $m = n - k$, 则

$$Y(z) = \left(\sum_{k=0}^{+\infty} x[k]z^{-k}\right)\sum_{m=0}^{+\infty} h[m]z^{-m} = X(z)\left(\sum_{m=0}^{+\infty} h[m]z^{-m}\right)$$

$$\frac{Y(z)}{X(z)} = \sum_{m=0}^{+\infty} h[m]z^{-m}$$

$\because H(z) = \dfrac{Y(z)}{X(z)}$

$\therefore H(z) = \sum_{m=0}^{+\infty} h[m]z^{-m}$

上式可以写成

$$H(z) = \sum_{n=0}^{+\infty} h[n]z^{-n}$$

于是得到式 (6.3)。

推导完毕。

例 6.3 将下面某数字滤波器的差分方程写成卷积运算的形式。

$$y[n] = 0.5y[n-1] + x[n]$$

解: 根据卷积的定义, 首先求系统的脉冲响应。

若系统的输入是脉冲函数 $\delta[n]$, 则系统的输出就是脉冲响应 $h[n]$。

所以

$$x[n] = \delta[n], \quad y[n] = h[n]$$

这样脉冲响应为

$$h[n] = 0.5h[n-1] + \delta[n]$$

对上式进行运算, 可以得到如表 6.1 所示的结果。

表 6.1 例 6.3 计算结果

	\multicolumn{7}{c}{n}						
	0	1	2	3	4	5	$\cdots$
$h[n]$	1	0.5	0.5^2	0.5^3	0.5^4	0.5^5	$\cdots$

将上述值代入卷积定义得

$$y[n] = \sum_{k=0} h[k]x[n-k]$$

$$= h[0]x[n] + h[1]x[n-1] + h[2]x[n-2] + \cdots$$

$$= 0.5^0 x[n] + 0.5^1 x[n-1] + 0.5^2[2]x[n-2] + 0.5^3 x[n-3] + \cdots$$

$$= \sum_{k=0}^{+\infty} 0.5^k x[n-k]$$

例 6.4 某数字滤波器的脉冲响应为 $h[n] = \delta[n] + 0.2\delta[n-1] + \delta[n-2]$, 求该滤波器的传输函数。

解: $\because Z\{\delta[n]\} = 1$

$\therefore$ 该滤波器的传输函数为 $H(z) = 1 + 0.2z^{-1} + z^{-2}$

6.2 离散时间傅里叶变换

傅里叶变换是数字信号分析的一个重要数学工具, 它把数字信号从时域变换到频域, 以研究信号的频率特性。

6.2.1 离散时间傅里叶变换的定义与特性

1. 定义

若数字信号为 $x[n]$, 则其离散时间傅里叶变换 (discrete time Fourier transform, DTFT) $X(\Omega)$ 定义为

$$X(\Omega) = \sum_{n=-\infty}^{+\infty} x[n]\mathrm{e}^{-\mathrm{j}n\Omega} \tag{6.4}$$

或

$$X(\Omega) = F\{x[n]\} \tag{6.5}$$

式中, Ω 为数字频率。

例 6.5 为什么说傅里叶变换将信号从时域变换到了频域?

解: 根据式 (6.4), 数字信号 $x[n]$ 的傅里叶变换为 $X(\Omega)$, 即

$$X(\Omega) = \sum_{n=-\infty}^{+\infty} x[n]\mathrm{e}^{-\mathrm{j}n\Omega}$$

根据欧拉公式, 有

$$\mathrm{e}^{-\mathrm{j}n\Omega} = \cos(\Omega n) - \mathrm{j}\sin(\Omega n)$$

于是有

$$X(\Omega) = \sum_{n=-\infty}^{+\infty} x[n][\cos(\Omega n) - \mathrm{j}\sin(\Omega n)] \tag{6.6}$$

根据正弦函数和余弦函数的特征, 在 $\sin(\omega t)$ 中, ω 表示角频率, t 表示时间。与式 (6.6) 对比, Ω 表示频率, n 表示时间。所以通过傅里叶变换把信号 $x[n]$ 变为 $X(\Omega)$, 即信号的自变量由时间 n 变成了频率 Ω, 也就是将信号从时域变换到了频域。

例 6.6 求图 6.1 所示数字信号的离散时间傅里叶变换。

解: 根据式 (6.4), 有

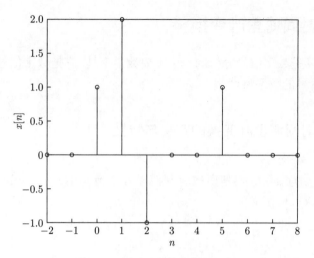

图 6.1 例 6.6 的数字信号图示

$$X(\Omega) = \sum_{n=-\infty}^{+\infty} x[n]\mathrm{e}^{-\mathrm{j}n\Omega}$$

$$= x[0]\mathrm{e}^{-\mathrm{j}0\Omega} + x[1]\mathrm{e}^{-\mathrm{j}\Omega} + x[2]\mathrm{e}^{-\mathrm{j}2\Omega} + x[3]\mathrm{e}^{-\mathrm{j}3\Omega} + x[4]\mathrm{e}^{-\mathrm{j}4\Omega} + x[5]\mathrm{e}^{-\mathrm{j}5\Omega}$$

$$= 1 + 2\mathrm{e}^{-\mathrm{j}\Omega} - \mathrm{e}^{-\mathrm{j}2\Omega} + \mathrm{e}^{-\mathrm{j}5\Omega}$$

2. 离散时间傅里叶变换的特性

时延特性: 若数字信号 $x[n]$ 的离散时间傅里叶变换为 $X(\Omega)$, 则 $x[n - n_0]$ 的离散时间傅里叶变换为

$$F\{x[n - n_0]\} = \mathrm{e}^{-\mathrm{j}n_0\Omega}X(\Omega) \tag{6.7}$$

例 6.7 证明离散时间傅里叶变换的时延特性式 (6.7)。

解: $\because F\{x[n - n_0]\} = \sum_{n=-\infty}^{+\infty} x[n - n_0]\mathrm{e}^{-\mathrm{j}n\Omega}$

令 $m = n - n_0$, 则 $n = m + n_0$

$\therefore \sum_{m=-\infty}^{+\infty} x[m]\mathrm{e}^{-\mathrm{j}(m+n_0)\Omega} = \mathrm{e}^{-\mathrm{j}n_0\Omega}\left(\sum_{m=-\infty}^{+\infty} x[m]\mathrm{e}^{-\mathrm{j}m\Omega}\right) = \mathrm{e}^{-\mathrm{j}n_0\Omega}X(\Omega)$

证明完毕。

周期性: 若数字信号 $x[n]$ 的离散时间傅里叶变换为 $X(\Omega)$, 则

$$X(\Omega + 2\pi) = X(\Omega) \tag{6.8}$$

即离散时间傅里叶变换是以 2π 为周期的。

例 6.8 证明离散时间傅里叶变换的周期性式 (6.8)。

解:

$$X(\varOmega + 2\pi) = \sum_{n=-\infty}^{+\infty} x[n]\mathrm{e}^{-\mathrm{j}n(\varOmega+2\pi)}$$

$$= \mathrm{e}^{-\mathrm{j}n2\pi}\left(\sum_{n=-\infty}^{+\infty} x[n]\mathrm{e}^{-\mathrm{j}n\varOmega}\right) = \mathrm{e}^{-\mathrm{j}n2\pi}X(\varOmega)$$

$$\because\ \mathrm{e}^{-\mathrm{j}n2\pi} = \cos(2\pi n) - \mathrm{j}\sin(2\pi n) = 1$$

$$\therefore\ X(\varOmega + 2\pi) = X(\varOmega)$$

证明完毕。

6.2.2 差分方程与频率响应

频率响应是用来衡量一个系统对于不同频率信号的处理能力的指标。差分方程是表示数字系统输入信号与输出信号之间关系的数学模型。因此, 建立差分方程与频率响应之间的关系, 可以反映该差分方程在频域对信号的处理效果。

根据差分方程的定义式 (5.2):

$$\sum_{k=0}^{N} a_k y[n-k] = \sum_{k=0}^{M} b_k x[n-k]$$

展开可得

$$a_0 y[n] + a_1 y[n-1] + \cdots + a_N y[n-N] = b_0 x[n] + b_1 x[n-1] + \cdots + b_M x[n-M]$$

对上式两端做离散时间傅里叶变换, 令 $Y(\varOmega)$ 为 $y[n]$ 的离散时间傅里叶变换, $X(\varOmega)$ 为 $x[n]$ 的离散时间傅里叶变换, 可得

$$a_0 Y(\varOmega) + a_1 \mathrm{e}^{-\mathrm{j}\varOmega} Y(\varOmega) + \cdots + a_N \mathrm{e}^{-\mathrm{j}N\varOmega} Y(\varOmega) = b_0 X(\varOmega) + b_1 \mathrm{e}^{-\mathrm{j}\varOmega} X(\varOmega) + \cdots +$$
$$b_M \mathrm{e}^{-\mathrm{j}M\varOmega} X(\varOmega)$$

$$(a_0 + a_1 \mathrm{e}^{-\mathrm{j}\varOmega} + \cdots + a_N \mathrm{e}^{-\mathrm{j}\varOmega}) Y(\varOmega) = (b_0 + b_1 \mathrm{e}^{-\mathrm{j}\varOmega} + \cdots + b_M \mathrm{e}^{-\mathrm{j}M\varOmega}) X(\varOmega)$$

$$\frac{Y(\varOmega)}{X(\varOmega)} = \frac{b_0 + b_1 \mathrm{e}^{-\mathrm{j}\varOmega} + \cdots + b_M \mathrm{e}^{-\mathrm{j}M\varOmega}}{a_0 + a_1 \mathrm{e}^{-\mathrm{j}\varOmega} + \cdots + a_N \mathrm{e}^{-\mathrm{j}N\varOmega}}$$

令

$$H(\varOmega) = \frac{Y(\varOmega)}{X(\varOmega)} = \frac{b_0 + b_1 \mathrm{e}^{-\mathrm{j}\varOmega} + \cdots + b_M \mathrm{e}^{-\mathrm{j}M\varOmega}}{a_0 + a_1 \mathrm{e}^{-\mathrm{j}\varOmega} + \cdots + a_N \mathrm{e}^{-\mathrm{j}N\varOmega}} \tag{6.9}$$

$H(\varOmega)$ 称为频率响应, 这样差分方程在频域中可以写成

$$Y(\Omega) = H(\Omega)X(\Omega) \tag{6.10}$$

可见, 若 $H(\Omega) = 1$, 则 $Y(\Omega) = X(\Omega)$, 即输入该数字系统的信号全部输出了; 若 $H(\Omega) = 0$, 则 $Y(\Omega) = 0$, 即输入该数字系统的信号全部被滤除, 无输出。所以频率响应描述了差分方程对输入信号的滤波效果。

对比式 (5.11) 与式 (6.9):

$$H(z) = \frac{Y(z)}{X(z)} = \frac{b_0 + b_1 z^{-1} + \cdots + b_M z^{-M}}{a_0 + a_1 z^{-1} + \cdots + a_N z^{-N}}$$

$$H(\Omega) = \frac{Y(\Omega)}{X(\Omega)} = \frac{b_0 + b_1 \mathrm{e}^{-\mathrm{j}\Omega} + \cdots + b_M \mathrm{e}^{-\mathrm{j}M\Omega}}{a_0 + a_1 \mathrm{e}^{-\mathrm{j}\Omega} + \cdots + a_N \mathrm{e}^{-\mathrm{j}N\Omega}}$$

可见, 两者是可以通过 e 指数项和 z 指数项进行互换的。

例 6.9 求下面差分方程的频率响应。

$$y[n] = 2x[n] - x[n-1] + x[n-2]$$

解: 对该差分方程两端做离散时间傅里叶变换, 令 $Y(\Omega)$ 为 $y[n]$ 的离散时间傅里叶变换, $X(\Omega)$ 为 $x[n]$ 的离散时间傅里叶变换, 得

$$Y(\Omega) = 2X(\Omega) - \mathrm{e}^{-\mathrm{j}\Omega}X(\Omega) + \mathrm{e}^{-\mathrm{j}2\Omega}X(\Omega)$$

$$H(\Omega) = \frac{Y(\Omega)}{X(\Omega)} = 2 - \mathrm{e}^{-\mathrm{j}\Omega} + \mathrm{e}^{-\mathrm{j}2\Omega}$$

由上式可见, 频率响应 $H(\Omega)$ 是复数, 可用极坐标表示, 即

$$H(\Omega) = |H(\Omega)|\mathrm{e}^{\mathrm{j}\theta(\Omega)} = R(\Omega) + \mathrm{j}I(\Omega) \tag{6.11}$$

式中, $|H(\Omega)|$ 表示频率响应的大小, 称为滤波器在数字频率 Ω 处的增益, 它是无量纲的; $\theta(\Omega)$ 表示相位差,

$$\theta(\Omega) = \arctan \frac{I(\Omega)}{R(\Omega)} \tag{6.12}$$

根据上述, 给出如下定义:

滤波器的幅度响应: 描述增益值与数字频率之间的关系。

滤波器的相位响应: 描述相位与数字频率之间的关系。

6.2.3 频率响应与脉冲响应

若某数字系统的脉冲响应为 $h[n]$, 则该系统的频率响应 $H(\Omega)$ 为

$$H(\Omega) = \sum_{n=-\infty}^{+\infty} h[n]\mathrm{e}^{-\mathrm{j}n\Omega} \tag{6.13}$$

例 6.10 证明式 (6.13)。

解: 根据频率响应式 (6.9):

$$H(\Omega) = \frac{Y(\Omega)}{X(\Omega)}$$

若系统的输入函数为 $x[n] = \delta[n]$, 则系统的输出为 $y[n] = h[n]$。根据离散时间傅里叶变换的定义, 有

$$X(\Omega) = F\{x[n]\} = F\{\delta[n]\} = \sum_{n=-\infty}^{+\infty} \delta[n]\mathrm{e}^{-\mathrm{j}n\Omega} = 1$$

$$Y(\Omega) = F\{y[n]\} = F\{h[n]\} = \sum_{n=-\infty}^{+\infty} h[n]\mathrm{e}^{-\mathrm{j}n\Omega}$$

所以

$$H(\Omega) = \frac{Y(\Omega)}{X(\Omega)} = \frac{\sum_{-\infty}^{+\infty} h[n]\mathrm{e}^{-\mathrm{j}n\Omega}}{1} = \sum_{-\infty}^{+\infty} h[n]\mathrm{e}^{-\mathrm{j}n\Omega}$$

证明完毕。

例 6.11 某数字滤波器的脉冲响应为 $h[n] = \delta[n] - \delta[n-1] + 0.2\delta[n-2]$, 求其频率响应并绘出曲线。

解:

$$h[0] = \delta[0] - \delta[-1] + 0.2\delta[-2] = 1$$
$$h[1] = \delta[1] - \delta[1-1] + 0.2\delta[1-2] = -1$$
$$h[2] = \delta[2] - \delta[2-1] + 0.2\delta[2-2] = 0.2$$
$$h[3] = \delta[3] - \delta[3-1] + 0.2\delta[3-2] = 0$$

所以, 该滤波器的频率响应为

$$H(\Omega) = \sum_{n=-\infty}^{+\infty} h[n]\mathrm{e}^{-\mathrm{j}n\Omega} = h[0]\mathrm{e}^0 + h[1]\mathrm{e}^{-\mathrm{j}\Omega} + h[2]\mathrm{e}^{-\mathrm{j}2\Omega}$$
$$= 1 - \mathrm{e}^{-\mathrm{j}\Omega} + 0.2\mathrm{e}^{-\mathrm{j}2\Omega}$$

利用 MATLAB 绘出频率响应曲线, 代码如下:

```
Ω=-pi:0.1:pi;
H=abs(1-exp(-Ω*j)+0.2*exp(-2*Ω*j));
plot(Ω,H)
```

以上 MATLAB 代码的运行结果如图 6.2 所示。

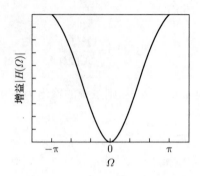

图 6.2 例 6.11 的频率响应图示

6.3 典型数字滤波器

6.3.1 滤波

滤波是将信号中特定频率成分滤除, 从有干扰的信号中提取有用的信号, 从而改变信号的频率特性的技术。例如在移动机器人使用红外线测距传感器测距过程中, 红外信号遇到不同距离的障碍物时, 其反射的信号强度也不同, 通过检测反射信号可进行障碍物距离的测量。在机器人接收到的红外反射信号中含有测量误差及其他随机干扰信号 (噪声), 要想尽可能准确地估计出每一时刻障碍物的距离等, 就需要做降低噪声的滤波处理。

滤波器是为了达到滤波目的而组成的系统, 它只允许一定频率范围内的信号成分正常通过, 而阻止另一部分频率成分信号通过。滤波器包括模拟滤波器和数字滤波器。模拟滤波器是由电阻、电容和电感等电子元器件组成的, 系统对所有部件的参数值非常敏感, 有些部件的特性随温度变化比较大。数字滤波器是由软件实现的, 很少依赖硬件, 具有模拟滤波器无法比拟的优点, 如滤波参数易于修改[8]。

差分方程就是一种数字滤波器。为了用频率响应函数来评价差分方程的滤波效果, 使用频率响应函数的图示形成可视化效果, 如图 6.3 所示。横坐标轴表示频率, 单位为 Hz(或 kHz)。纵坐标轴表示频率响应的幅值 $|H(\Omega)|$, 也称为增益, 是无量纲量; 纵坐标轴也可表示为对数幅值 $L(\Omega)$, 单位为 dB, 即

$$L(\Omega) = 20\lg|H(\Omega)| \tag{6.14}$$

滤波器通带: 滤波器允许通过信号的频率范围称为通带。

滤波器阻带: 滤波器不允许通过信号的频率范围称为阻带。

滤波器截止频率: 最大增益的 0.707 倍所对应的频率。

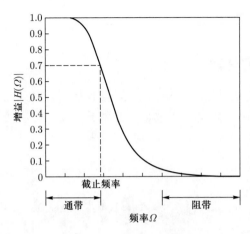

图 6.3 滤波器图示[8]

6.3.2　低通数字滤波器

　　低通数字滤波器是只允许低频信号通过而阻碍其他信号通过的数字系统。通常, 在语音信号中, 主要内容是由低频和中频信号组成的, 而杂音是高频信号, 这时应使用低通数字滤波器, 让低/中频信号通过, 阻碍高频信号。图 6.4 是截止频率为

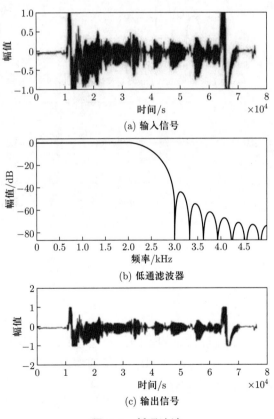

图 6.4　低通滤波

2 500 Hz 的低通滤波效果。

6.3.3 高通数字滤波器

高通数字滤波器是只允许高频信号通过而阻碍其他信号通过的数字系统。例如，在男女生大合唱中，如果只想播放女生和声部分，可以使用高通数字滤波器。图 6.5 是截止频率为 10 800 Hz 的高通滤波效果。

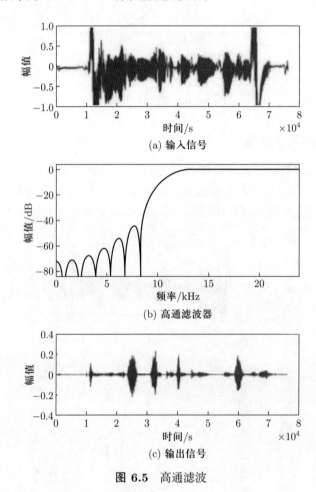

(a) 输入信号

(b) 高通滤波器

(c) 输出信号

图 6.5 高通滤波

6.3.4 带通数字滤波器

带通数字滤波器是只允许特定频带的信号通过而阻碍其他信号通过的数字系统。图 6.6 是通带为 5 000 ~ 8 000 Hz 的带通滤波效果，其中下限截止频率为 5 000 Hz，上限截止频率为 8 000 Hz。

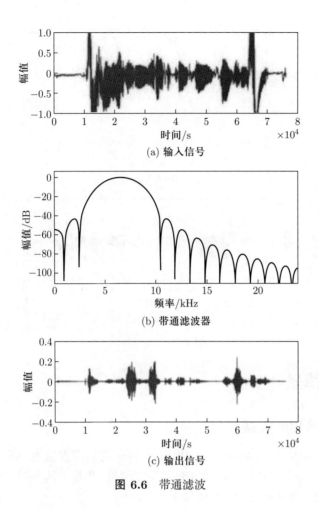

(a) 输入信号

(b) 带通滤波器

(c) 输出信号

图 6.6 带通滤波

6.3.5 带阻数字滤波器

带阻数字滤波器是阻碍特定频带的信号通过而允许其他信号通过的数字系统。图 6.7 是阻带为 5 000 ~ 8 000 Hz 的带阻滤波效果, 其中下限截止频率为 5 000 Hz, 上限截止频率为 8 000 Hz。

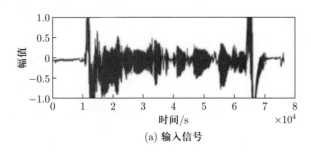

(a) 输入信号

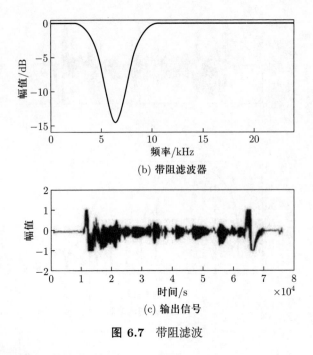

(b) 带阻滤波器

(c) 输出信号

图 **6.7**　带阻滤波

6.4　离散傅里叶变换

6.4.1　离散傅里叶变换简介

由 DTFT 定义式 (6.4) 可见, 如果信号 $x[n]$ 为周期性信号, 那么 DTFT 将具有无穷大的值。所以 DTFT 只适合非周期性信号, 不适合周期性信号。为了解决该问题, 引入离散傅里叶变换, 具体如下。

若数字信号为 $x[n]$, 则其离散傅里叶变换 (discrete Fourier transform, DFT) $X(k)$ 定义为

$$X(k) = \sum_{n=0}^{N-1} x[n]\mathrm{e}^{-\mathrm{j}2\pi\frac{k}{N}n}, \quad k = 0,1,2,3,\cdots,N-1 \tag{6.15}$$

式中, N 为采样点数。

例 6.12　证明式 (6.15) 中的 k 具有频率特性。

解: 对比式 (6.4) 与式 (6.15):

$$X(\Omega) = \sum_{n=-\infty}^{+\infty} x[n]\mathrm{e}^{-\mathrm{j}\Omega n}$$

$$X(k) = \sum_{n=0}^{N-1} x[n]\mathrm{e}^{-\mathrm{j}2\pi\frac{k}{N}n}$$

可以得出:

$$\Omega \Leftrightarrow \frac{2\pi k}{N} \tag{6.16}$$

式 (6.16) 中, N 为采样点数, 2π 为常数, 所以 k 与 Ω 具有同样的特性, 即频率特性, 因此 k 是表示频率特性的量。

例 6.13 求图 6.8 所示数字信号的离散傅里叶变换。

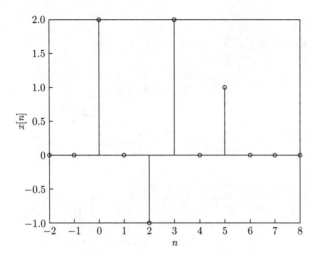

图 6.8 例 6.13 数字信号图示

解: 取 $N = 8$, 根据式 (6.15) 有

$$
\begin{aligned}
X(k) &= \sum_{n=0}^{N-1} x[n]\mathrm{e}^{-\mathrm{j}2\pi\frac{k}{N}n} \\
&= \sum_{n=0}^{7} x[n]\mathrm{e}^{-\mathrm{j}2\pi\frac{k}{8}n} \\
&= x[0]\mathrm{e}^{0} + x[2]\mathrm{e}^{-\mathrm{j}2\pi\frac{k}{4}} + x[3]\mathrm{e}^{-\mathrm{j}2\pi\frac{3k}{8}} + x[5]\mathrm{e}^{-\mathrm{j}2\pi\frac{5k}{8}} \\
&= 2 - \mathrm{e}^{-\mathrm{j}\pi\frac{k}{2}} + 2\mathrm{e}^{-\mathrm{j}\pi\frac{3k}{4}} + \mathrm{e}^{-\mathrm{j}\pi\frac{5k}{4}}
\end{aligned}
$$

式中, $k = 0, 1, 2, \cdots, 7$

可见, 离散傅里叶变换是复数, 可用极坐标表示, 即

$$X(k) = |X(k)|\mathrm{e}^{\mathrm{j}\theta(k)} = R(k) + \mathrm{j}I(k) \tag{6.17}$$

幅度频谱: 描述 $|X(k)|$ 与 k 之间的关系。

相位频谱: 描述 $\theta(k)$ 与 k 之间的关系。

6.4.2 离散傅里叶变换的周期性

离散傅里叶变换 $X(k)$ 是以采样点数 N 为周期的, 即

$$X(k) = X(k + N) \tag{6.18}$$

例 6.14 证明式 (6.18)。

解:

$$
\begin{aligned}
X(k + N) &= \sum_{n=0}^{N-1} x[n] \mathrm{e}^{-\mathrm{j}2\pi\frac{k+N}{N}n} \\
&= \sum_{n=0}^{N-1} x[n] \mathrm{e}^{-\mathrm{j}2\pi\frac{k}{N}n} \mathrm{e}^{-\mathrm{j}2\pi n} \\
&= \sum_{n=0}^{N-1} x[n] \mathrm{e}^{-\mathrm{j}2\pi\frac{k}{N}n} [\cos(2\pi n) - \mathrm{j}\sin(2\pi n)] \\
&= \sum_{n=0}^{N-1} x[n] \mathrm{e}^{-\mathrm{j}2\pi\frac{k}{N}n} \\
&= X(k)
\end{aligned}
$$

可见, 离散傅里叶变换是以采样点数 N 为周期的。

在实际应用中, 往往只需要信号中有限数量的采样点 (称为采样点数 N), 因此在式 (6.15) 的基础上引入了窗函数 (DFT 窗), 将离散傅里叶变换写成

$$X(k) = \sum_{n=0}^{N-1} x[n]w[n]\mathrm{e}^{-\mathrm{j}2\pi\frac{k}{N}n} \tag{6.19}$$

式中, $w[n]$ 为 DFT 窗, 是在时域内所选择的有限个采样值。

$w[n]$ 通常选择矩形窗: 窗内所有采样值的权值为 1, 窗外采样值的权值均为 0, 窗内采样点数为 N。

例 6.15 在图 6.9 所示信号中, $w[n]$ 为矩形窗, 窗内选择 4 个采样信号, 求所选信号的 DFT。

解: DFT 窗内选择 4 个采样点, 即 $N = 4$, 那么 $k = 0, 1, 2, 3$, 所以根据式 (6.19) 有

$$
\begin{aligned}
X(k) &= \sum_{n=0}^{N-1} x[n]w[n]\mathrm{e}^{-\mathrm{j}2\pi\frac{k}{N}n} \\
&= \sum_{n=0}^{3} x[n]\mathrm{e}^{-\mathrm{j}2\pi\frac{k}{N}n}
\end{aligned}
$$

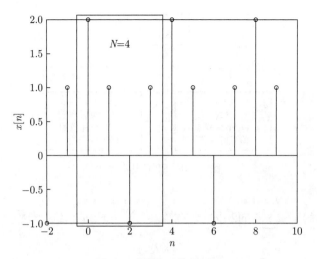

图 6.9 例 6.15 信号图示

$$= x[0]\mathrm{e}^0 + x[1]\mathrm{e}^{-\mathrm{j}2\pi\frac{k}{4}} + x[2]\mathrm{e}^{-\mathrm{j}2\pi\frac{k}{2}} + x[3]\mathrm{e}^{-\mathrm{j}2\pi\frac{3k}{4}}$$

$$= 2 + \mathrm{e}^{-\mathrm{j}\pi\frac{k}{2}} - \mathrm{e}^{-\mathrm{j}\pi k} + \mathrm{e}^{-\mathrm{j}3\pi\frac{k}{2}}$$

$$k = 0, \quad X(0) = 2$$

$$k = 1, \quad X(1) = 2 + \mathrm{e}^{-\mathrm{j}\frac{\pi}{2}} - \mathrm{e}^{-\mathrm{j}\pi} + \mathrm{e}^{-\mathrm{j}\frac{3\pi}{2}}$$

$$k = 2, \quad X(2) = 2 + \mathrm{e}^{-\mathrm{j}\pi} - \mathrm{e}^{-\mathrm{j}2\pi} + \mathrm{e}^{-\mathrm{j}3\pi}$$

$$k = 3, \quad X(3) = 2 + \mathrm{e}^{-\mathrm{j}\frac{3\pi}{2}} - \mathrm{e}^{-\mathrm{j}3\pi} + \mathrm{e}^{-\mathrm{j}\frac{9\pi}{2}}$$

6.4.3 快速傅里叶变换

为了提高 DFT 的运算效率, 基于 DFT 的奇、偶、虚、实等特征, 优化 DFT 的运算算法, 提出了 DFT 的快速算法, 即快速傅里叶变换 (fast Fourier transform, FFT)。FFT 对傅里叶变换理论没有新的发现, 但采用这种算法能使计算 DFT 所需的乘法次数大为减少, 特别是被变换的采样点数 N 越多, FFT 算法的计算量比 DFT 减少得越多。

FFT 的基本思想是把原始的 N 个采样点的 DFT 运算依次分解成一系列的短序列, 即将一个 N 个点的计算分解为两个 $N/2$ 个点的计算, 每个 $N/2$ 个点的计算再进一步分解为两个 $N/4$ 个点的计算, 依此类推 (图 6.10)。这样根据 DFT 计算式中指数因子所具有的对称性和周期性, 求出这些短序列对应的 DFT 并进行适当组合, 从而消除了重复计算, 减小了运算量。

根据采样编号 n, 将 DFT 分为偶数采样点和奇数采样点。

这里令 $y[n] = x[2n]$, $z[n] = x[2n+1]$。

根据离散傅里叶变换式 (6.15), 对于前 $N/2$ 个采样点有:

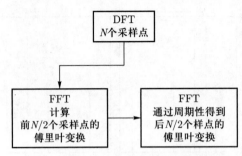

图 6.10 FFT 基本思想

$$X(k) = \sum_{n=0}^{N/2-1} x[2n]\mathrm{e}^{-\mathrm{j}2\pi\frac{k}{N}(2n)} + \sum_{n=0}^{N/2-1} x[2n+1]\mathrm{e}^{-\mathrm{j}2\pi\frac{k}{N}(2n+1)}$$

$$X(k) = \sum_{n=0}^{N/2-1} y[n]\mathrm{e}^{-\mathrm{j}\frac{4\pi kn}{N}} + \sum_{n=0}^{N/2-1} z[n]\mathrm{e}^{-\mathrm{j}\frac{2\pi k(2n+1)}{N}}$$

上式可写成下面形式:

$$X(k) = \sum_{n=0}^{N/2-1} y[n]\mathrm{e}^{-\mathrm{j}\frac{2\pi kn}{N/2}} + \sum_{n=0}^{N/2-1} z[n]\mathrm{e}^{-\mathrm{j}\frac{2\pi kn}{N/2}}\,\mathrm{e}^{-\mathrm{j}\frac{2\pi k}{N}}$$

令 $y[n]$ 的傅里叶变换为 $Y(k)$, $z[n]$ 的傅里叶变换为 $Z(k)$, 则上式可写为

$$X(k) = Y(k) + \mathrm{e}^{-\mathrm{j}\frac{2\pi k}{N}} Z(k) \tag{6.20}$$

注意: 式 (6.20) 的采样点数是 $N/2$, 所以是以 $N/2$ 为周期的。

根据周期性, 后 $N/2$ 个采样点有

$$X(k+N/2) = Y(k+N/2) + \mathrm{e}^{-\mathrm{j}\frac{2\pi(k+N/2)}{N}} Z(k+N/2)$$

因为是以 $N/2$ 为周期的, 所以有

$$Y(k+N/2) = Y(k), \quad Z(k+N/2) = Z(k)$$

又因为

$$\mathrm{e}^{-\mathrm{j}\frac{2\pi(k+N/2)}{N}} = \mathrm{e}^{-\mathrm{j}\frac{2\pi k}{N}}\mathrm{e}^{-\mathrm{j}\pi} = \mathrm{e}^{-\mathrm{j}\frac{2\pi k}{N}}(\cos\pi - \mathrm{j}\sin\pi) = -\mathrm{e}^{-\mathrm{j}\frac{2\pi k}{N}}$$

于是可得

$$X(k+N/2) = Y(k) - \mathrm{e}^{-\mathrm{j}\frac{2\pi k}{N}} Z(k) \tag{6.21}$$

比较式 (6.20) 与式 (6.21), 可见: 将一个 N 个点的计算分解为两个 $N/2$ 个点的计算, 只需一次计算出 $Y(k)$ 和 $Z(k)$, 然后通过不同的组合得到 N 个点的傅里叶变换, 因而简化了运算。

6.5 数字信号频谱

数字信号频谱用于描述数字信号中所包含的频率分量, 它是将信号按频率顺序展开, 使其成为频率的函数, 形成信号随频率的变化规律。信号频谱分析技术广泛应用在机械系统和电力系统等领域。

信号频谱可分为两部分, 即幅度频谱和相位频谱: 幅度频谱反映每一频率分量的大小和幅度; 相位频谱反映不同频率分量之间的相位关系。

6.5.1 非周期数字信号

计算非周期数字信号频谱的工具是离散时间傅里叶变换, 即

$$X(\Omega) = \sum_{n=-\infty}^{+\infty} x[n]\mathrm{e}^{-\mathrm{j}n\Omega}$$

$X(\Omega)$ 是复数, 可用极坐标表示, 即

$$X(\Omega) = |X(\Omega)|\mathrm{e}^{\mathrm{j}\theta(\Omega)} = R(\Omega) + \mathrm{j}I(\Omega)$$

$|X(\Omega)|$ 为傅里叶谱, $|X(\Omega)|^2$ 为傅里叶能量谱。

非周期数字信号的幅度频谱由 $|X(\Omega)|$ 与 Ω 的关系曲线表示。

非周期数字信号的相位频谱由 $\theta(\Omega)$ 与 Ω 的关系曲线表示。

6.5.2 周期数字信号

计算周期数字信号频谱的工具是傅里叶级数, 即用傅里叶级数的系数表示周期数字信号的频谱。若数字信号为 $x[n]$, 则其傅里叶级数为

$$x[n] = \frac{1}{N} \sum_{k=0}^{N-1} c[k]\mathrm{e}^{\mathrm{j}2\pi n \frac{k}{N}} \tag{6.22}$$

傅里叶级数的系数为

$$c[k] = \frac{1}{N} \sum_{n=0}^{N-1} x[n]\mathrm{e}^{-\mathrm{j}2\pi n \frac{k}{N}} \tag{6.23}$$

式中, N 为采样点数; k 表示频率属性。

式 (6.23) 用极坐标表示为

$$c[k] = |c[k]|e^{j\phi[k]} \tag{6.24}$$

周期数字信号的幅度频谱: 表示 $|c[k]|$ 与 k 之间的关系。
周期数字信号的相位频谱: 表示 $\phi[k]$ 与 k 之间的关系。

6.5.3 频谱图

前面介绍了信号具有时域和频域的特征, 为了描述信号的时域和频域特征, 需要分别绘制信号的时域图和频域图。能否在同一张图上同时显示信号与时间、信号与频率之间关系? 为了达到这样的目的, 同时观察数字信号随时间和频率分布状态, 出现了频谱图。

频谱图 (spectrogram) 是一种同时表示时间和频率特征的分布图。例如根据离散傅里叶变换式 (6.15), 分别绘制不同时刻 $|X(k)| - k$ 的关系曲线, 然后累加集合 (图 6.11), 最终形成频谱图 (图 6.12)。

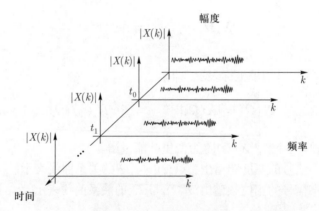

图 6.11 频谱图的构成

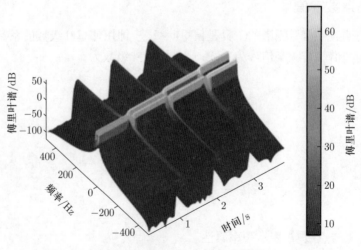

图 6.12 频谱图 (参见书后彩图)

例 6.16 用下面 MATLAB 代码绘出频谱图。

```
n=1:1000;
y=sin(n/1000*pi)+0.8*sin(n/500*pi)+0.6*sin(n/100*pi)+0.4*sin(n/10*pi)+0.2*
sin(n/5*pi)+0.1*sin(n/2*pi);
figure;
spectrogram(y,100,0,100)%画出信号频谱图
```

解: 由 MATLAB 绘制的频谱图如图 6.13 所示。

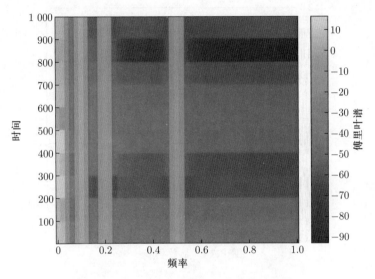

图 6.13 例 6.16 的频谱图 (参见书后彩图)

思考题

1. 求下面差分方程的传输函数并讨论该数字系统的稳定性。

$$y[n] = y[n-1] + x[n] + 0.2x[n-1]$$

2. 根据下面脉冲响应, 求其数字滤波器的传输函数和频率响应。

$$h[n] = \delta[n] + 2\delta[n-2] + \delta[n-3]$$

3. 求下面传输函数的差分方程。

$$H(z) = \frac{Y(z)}{X(z)} = \frac{1 + 0.5z^{-1}}{1 - 0.3z^{-1}}$$

4. 求下面差分方程的频率响应并绘出频率响应曲线。

$$y[n] = y[n-1] - 0.5x[n] + x[n-1]$$

5. 绘出下面数字滤波器的图示。

$$H(z) = \frac{1}{1 - 0.5z^{-1}}$$

6. 求图 6.14 所示信号的 DTFT 和 DFT。

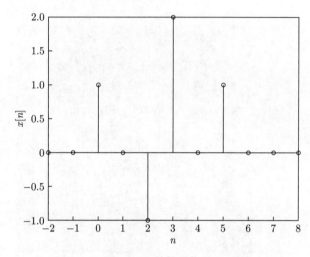

图 6.14 某数字信号

第 7 章　数字滤波器设计与检测技术

7.1　有限脉冲响应滤波器

有限脉冲响应 (FIR) 滤波器现在的输出仅取决于过去的输入, 而与过去的输出无关, 又称为非递归滤波器。

7.1.1　理想低通滤波器

根据第 5 章的介绍, 输入信号为 $x[n]$、输出信号为 $y[n]$ 的有限脉冲响应滤波器的差分方程为

$$y[n] = \sum_{k=0}^{M} b_k x[n-k]$$

其脉冲响应为

$$h[n] = \sum_{k=0}^{M} b_k \delta[n-k]$$

FIR 滤波器的传输函数为

$$H(z) = \frac{Y(z)}{X(z)} = \frac{b_0 z^M + b_1 z^{M-1} + b_2 z^{M-2} + \cdots + b_M}{z^M}$$

FIR 滤波器的频率响应为

$$H(\Omega) = \sum_{k=0}^{M} b_k \mathrm{e}^{-\mathrm{j}k\Omega}$$

根据滤波器的频率响应的幅值与数字频率之间的关系 (幅度响应), 可以画出频率响应的形状, 即可知道滤波器的类型。图 7.1 是一种低通滤波器, 它的截止频率为 Ω_1。

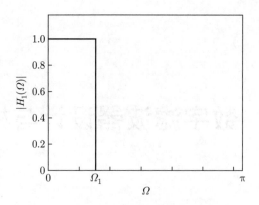

图 7.1 理想低通滤波器幅度响应[8]

由式 (6.13) 可知, 数字系统的脉冲响应为 $h[n]$ 的离散时间傅里叶变换 (DTFT) 为频率响应。对 $|H_1(\Omega)|$ 做 DTFT 逆变换, 可得

$$h_1[n] = \frac{1}{n\pi} \sin(n\Omega_1) \tag{7.1}$$

这个脉冲响应具有无限个采样点, 不适用于数字系统。所以需要借助窗函数 $w[n]$, 令

$$h[n] = h_1[n]w[n] \tag{7.2}$$

这里窗函数的作用是从理想低通滤波器脉冲响应 $h_1[n]$ 的无限个采样点中选取有限个采样点, 成为 $h[n]$ (图 7.2)。常用的窗函数有矩形窗、汉宁窗、哈明窗、布莱克曼窗等, 它们的定义如下。

1) 矩形窗函数

$$w[n] = \begin{cases} 1, & |n| \leqslant (N-1)/2 \\ 0, & \text{其他} \end{cases} \tag{7.3}$$

矩形窗阻带衰减如图 7.3 所示。

2) 汉宁窗函数

$$w[n] = \begin{cases} 0.5 + 0.5 \cos \dfrac{2\pi n}{N-1}, & |n| \leqslant (N-1)/2 \\ 0, & \text{其他} \end{cases} \tag{7.4}$$

汉宁窗阻带衰减如图 7.4 所示。

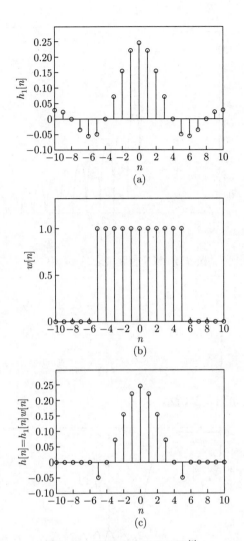

图 7.2 脉冲响应及窗函数[8]

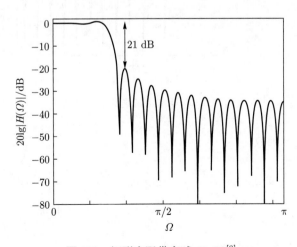

图 7.3 矩形窗阻带衰减 21 dB[8]

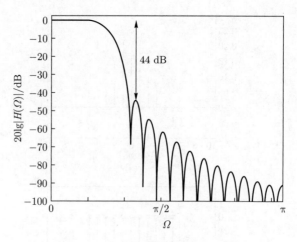

图 7.4 汉宁窗阻带衰减 44 dB[8]

3) 哈明窗函数

$$w[n] = \begin{cases} 0.54 + 0.46\cos\dfrac{2\pi n}{N-1}, & |n| \leqslant (N-1)/2 \\ 0, & \text{其他} \end{cases} \tag{7.5}$$

哈明窗阻带衰减如图 7.5 所示。

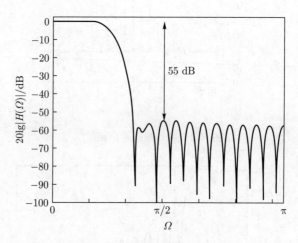

图 7.5 哈明窗阻带衰减 55 dB[8]

4) 布莱克曼窗函数

$$w[n] = \begin{cases} 0.42 + 0.5\cos\dfrac{2\pi n}{N-1} + 0.08\cos\dfrac{4\pi n}{N-1}, & |n| \leqslant (N-1)/2 \\ 0, & \text{其他} \end{cases} \tag{7.6}$$

布莱克曼窗阻带衰减如图 7.6 所示。

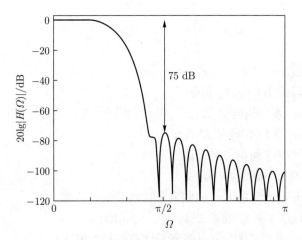

图 7.6 布莱克曼窗阻带衰减 75 dB[8]

7.1.2 有限脉冲响应滤波器设计

若某数字系统的脉冲响应为 $h[n]$, 则系统的输出信号 $y[n]$ 为系统脉冲响应 $h[n]$ 与输入信号 $x[n]$ 的卷积, 即

$$y[n] = \sum_{k=-\infty}^{\infty} h[n]x[n-k] = x[n] * h[n] \tag{7.7}$$

根据

$$H(z) = \sum_{n=0}^{\infty} h[n]z^{-n} \tag{7.8}$$

求出系统的传输函数 $H(z)$, 讨论对应差分方程的稳定性。

再根据

$$H(\Omega) = \sum_{n=-\infty}^{\infty} h[n]\mathrm{e}^{-jn\Omega} \tag{7.9}$$

求出系统的频率响应 $H(\Omega)$, 画出幅度响应和相位响应, 完成数字滤波器的设计。

下面以低通 FIR 滤波器设计为例进行说明。设计低通 FIR 滤波器需要如下几个步骤:

(1) 选择设计中的通带边缘频率 f_1:

$$f_1 = 所要求的通带边缘频率 + \frac{过渡带宽度}{2}$$

(2) 计算 Ω_1, 并求 $h_1[n]$;

$$\Omega_1 = \frac{2\pi f_1}{f_s}, \quad h_1[n] = \frac{\sin(n\Omega_1)}{n\pi}$$

(3) 求窗函数;

(4) 求滤波器的 $h[n] = h_1[n]w[n]$;

(5) 根据 $h[n]$ 求传输函数 $H(z)$、极点和零点, 并讨论稳定性;

(6) 根据 $h[n]$ 求频率响应 $H(\Omega)$;

(7) 画出幅度响应和相位响应图。

根据图 7.7 所示, 确定如下定义:

通带波纹 (δ_p): 滤波器通带内偏离单位增益的最大值。

通带边缘增益: $1 - \delta_p$ 或者 $20\lg(1 - \delta_p)$ (dB)。

阻带波纹 (δ_s): 滤波器阻带内偏离零增益的最大值。

过渡带宽度 (TW) = 阻带边缘频率 (f_{s1}) − 通带边缘频率 (f_{p1})。

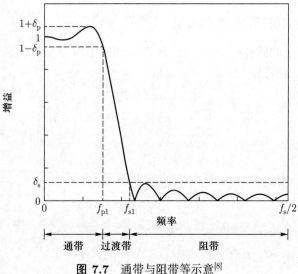

图 7.7 通带与阻带等示意[8]

表 7.1 给出了低通 FIR 滤波器设计的主要参数。设计中的通带边缘频率 f_1 按照图 7.8 所示确定。

表 7.1 低通 FIR 滤波器设计的主要参数[8]

窗类型	窗函数	项数 N	阻带衰减/dB	通带边缘增益 $20\lg(1 - \delta_p)$
矩形窗	见式 (7.3)	0.91 f_s/TW	21	−0.9
汉宁窗	见式 (7.4)	3.32 f_s/TW	44	−0.06
哈明窗	见式 (7.5)	3.44 f_s/TW	55	−0.02
布莱克曼窗	见式 (7.6)	5.98 f_s/TW	75	−0.001 4

注: f_s 为采样频率, TW 为过渡带宽度。

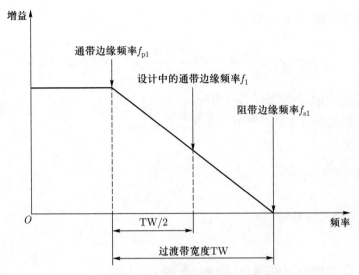

图 7.8 设计中的通带边缘频率示意[8]

例 7.1 按照如下参数设计低通 FIR 滤波器: 通带边缘频率为 1 000 Hz, 阻带边缘频率为 2 000 Hz, 阻带衰减 40 dB, 采样频率为 1 000 Hz。

解: 按照低通 FIR 滤波器设计步骤进行计算。

1) 选择设计中的通带边缘频率 f_1

$$f_1 = \left(1\,000 + \frac{2\,000 - 1\,000}{2}\right) \text{ Hz} = 1\,500 \text{ Hz}$$

2) 根据 f_1 计算 Ω_1, 求 $h_1[n]$

$$\Omega_1 = 2\pi\frac{f_1}{f_s} = 2\pi\frac{1\,500}{1\,000} = 3\pi$$

$$h_1[n] = \frac{\sin(n\Omega_1)}{n\pi} = \frac{\sin(3\pi n)}{n\pi}$$

3) 求窗函数

因为阻带衰减为 40 dB, 所以选择汉宁窗。

$$N = 3.32 \times \frac{f_s}{\text{TW}} = 3.32 \times \frac{1\,000}{1\,000} = 3.32$$

选取 N 为奇数, $N = 3$ (也可为 5)。
窗函数为

$$w[n] = 0.5 + 0.5\cos\frac{2\pi n}{N-1} = 0.5 + 0.5\cos\pi n, \quad |n| \leqslant 1$$

4) 求滤波器的 $h[n] = h_1[n]w[n]$

$$h[n] = h_1[n]w[n] = \frac{\sin(3\pi n)}{n\pi}(0.5 + 0.5\cos\pi n)$$

5) 求低通 FIR 滤波器的差分方程

根据卷积式 (6.1), 可以得出差分方程:

$$y[n] = \sum_{k=-\infty}^{+\infty} x[k]h[n-k] = x[n] * h[n]$$

式中, $x[n]$ 为输入信号。

7.2 基于数字滤波器的噪声检测与处理

7.2.1 噪声检测

噪声是指信号中的无用成分, 通常为不规则的信号, 它会妨碍人的感觉器官对所接收信息的理解, 影响人们的正常生活、工作和学习。判断某信号是否属于噪声, 不仅要考虑信号的物理性质, 还要考虑人的感知, 考虑其是否影响人体的健康。例如, 在某些场合, 过强的声音或突发的声响等均为噪声。图 7.9 所示为不含噪声的图像和含有噪声的图像, 可见含有噪声的图像会影响人们观看时的视觉效果。

(a) (b) (c) (d)

图 7.9 不含噪声的原始图像 (a) 和含有噪声的图像 (b~d)

常见的噪声有:

(1) 加性噪声: 噪声与信号是不相关的, 不管有没有信号, 噪声都是存在的, 如闪电、雷击等自然噪声。图 7.10 所示为某正弦波信号受到加性噪声的干扰。

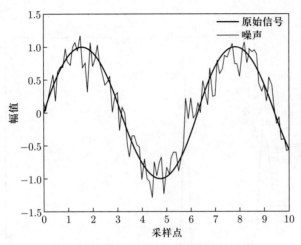

图 7.10 某正弦波信号受到噪声的干扰

图 7.10 的 MATLAB 代码如下:

```
n = (0:0.1:10);
x=sin(n); %正弦函数信号
y = awgn(x,10,'measured');%噪声信号
plot(n,x  n,y]),xlabel('采样点'),ylabel('幅值');
legend('原始信号','噪声')
```

(2) 乘性噪声: 噪声与信号是相关的, 信号存在时噪声也存在, 信号消失时噪声也消失。乘性噪声干扰相对于加性噪声干扰具有更强的时变特性和抗滤波性。

(3) 量化噪声: 在信号的模数转换中, 量化后的数字信号与原始输入的模拟信号在幅值上会出现差异 (图 7.11), 从而产生失真, 这种由于量化而产生的失真称为噪声。

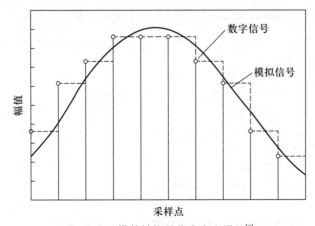

图 7.11 模数转换量化中产生误差[8]

传感器采集含有噪声的混杂信号, 用数字信号处理方法对混杂信号进行分类, 实现对噪声的检测。图 7.12 所示为含有噪声的混杂信号频域图, 其中信号是 $\sin(n)$、噪声是 $\cos(10n)$, 通过傅里叶变换在频域内将信号与噪声分开, 从而检测出该信号中的噪声。

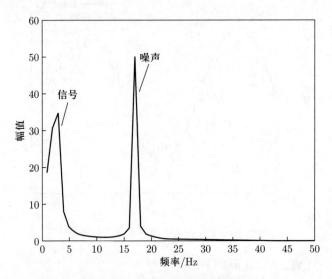

图 7.12 在频域内检测噪声信号

图 7.12 的 MATLAB 代码如下:

```
n = (0:0.1:10);%自变量的取值范围
x=sin(n); %正弦函数信号
y =cos(10*n);%噪声信号
z=x+y;%两信号相加
Y=fft(z);%信号z的傅里叶变换
Z=abs(Y);%信号z的傅里叶谱
figure
plot(Z),xlim([0 50]), xlabel('频率/Hz'),ylabel('幅值')
```

图 7.13 是图 7.10 所示混杂信号的频域图, 图中可分离出信号和噪声。图 7.13 的 MATLAB 代码如下:

```
n = (0:0.1:10);%自变量的取值范围
x=sin(n); %正弦函数信号
y = awgn(x,10,'measured');%噪声信号
z=x+y;%两信号相加
Y=fft(z);%信号z的傅里叶变换
Z=abs(Y);%信号z的傅里叶谱
figure
plot(Z),xlim([0 50]) , xlabel('频率/Hz'),ylabel('幅值')
```

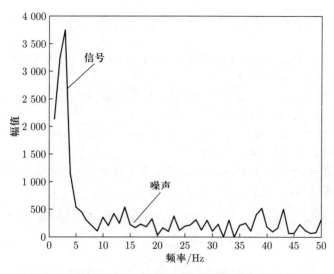

图 7.13　在频域内检测噪声信号

7.2.2　降噪处理

滤波是降噪处理的一种方法, 它将信号中特定频率成分滤除, 从有干扰的信号中提取有用信号。滤波是数字信号处理中的重要部分, 通过建立数字滤波器对输入信号进行降噪处理。通常信号主要分布在低频区域, 噪声主要分布在高频区域, 这时使用低通数字滤波器可以达到降噪的效果。

非递归滤波器可以平滑输入信号, 保留低频部分, 衰减高频部分, 达到降噪的作用。

例 7.2　下面是滑动平均滤波器的差分方程, 使用该数字滤波器对输入信号进行降噪处理。

$$y[n] = \frac{1}{15}(x[n] + x[n-1] + x[n-2] + x[n-3] + x[n-4])$$

解: 针对上述差分方程, 使用 MATLAB 软件编写代码如下:

```
b=[1,1,1,1,1]/15; a=[1,0,0,0,0];%差分方程的系数
Y=[0,0]; X=[0,0];% 过去的输出和输入,给出初始条件
xic=filtic(b,a,Y,X); %将参数代入差分方程
[x,fs]= audioread ('E:\test.wav'); %输入信号
xx=x(:,1);　%单声道?
N=10000;%采样点数
y=filter(b,a,xx,xic);%差分方程对输入信号的运算
F1=fft(xx);%输入信号的傅里叶变换
FX=abs(F1);%输入信号的傅里叶谱
F2=fft(y);%输出信号的傅里叶变换
```

```
FY=abs(F2);%输出信号的傅里叶谱
figure;
subplot(2,2,1),plot(xx),axis([0 80000 -1 1]),title('系统输入信号时域图'),
xlabel('时间/s'),ylabel('幅值');
subplot(2,2,2),plot(y),axis([0 80000 -1 1]),title('系统输出信号时域图'),
xlabel('时间/s'),ylabel('幅值');
subplot(2,2,3),plot(FX(1:N/2)),axis([0 N/4 0 4000]),title('系统输入信号频域
图'),xlabel('频率/Hz'),ylabel('幅值');
subplot(2,2,4),plot(FY(1:N/2)),axis([0 N/4 0 4000]),title('系统输出信号频域
图'),xlabel('频率/Hz'),ylabel('幅值')
```

运算结果如图 7.14 所示, 经过该数字滤波器 (差分方程) 处理后, 输入信号被明显衰减。

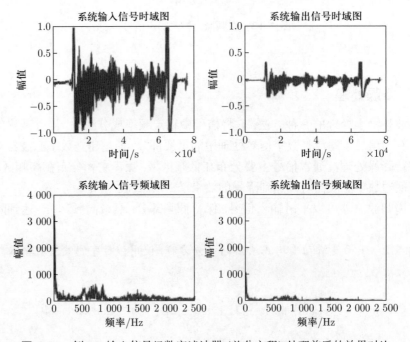

图 7.14 例 7.2 输入信号经数字滤波器 (差分方程) 处理前后的效果对比

思考题

1. 求下面差分方程的传输函数并讨论该数字系统的稳定性。

$$y[n] = y[n-1] + x[n] + 0.2x[n-1]$$

2. 根据下面脉冲响应, 求其数字滤波器的传输函数和频率响应。

$$h[n] = \delta[n] + 2\delta[n-2] + \delta[n-3]$$

3. 计算下面传输函数的差分方程。

$$H(z) = \frac{Y(z)}{X(z)} = \frac{1 + 0.5z^{-1}}{1 - 0.3z^{-1}}$$

4. 求下面差分方程的频率响应并绘出频率响应曲线。

$$y[n] = y[n-1] - 0.5x[n] + x[n-1]$$

5. 绘出下面数字滤波器的图示。

$$H(z) = \frac{1}{1 - 0.5z^{-1}}$$

6. 求图 7.15 所示数字信号的 DTFT 和 DFT。

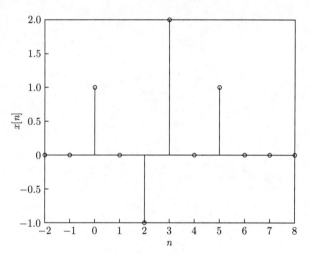

图 7.15 某数字信号

7. 按照如下参数设计低通 FIR 滤波器: 通带边缘频率为 500 Hz, 阻带边缘频率为 3 000 Hz, 阻带衰减 40 dB, 采样频率为 50 000 Hz。

8. 用声音传感器采集一段含有噪声的声音信号, 显示出信号与噪声的频率范围。

第 8 章　数字信号处理软件实现

在掌握数字信号处理与传感器基本原理的基础上, 本章介绍如何使用声音传感器、红外线传感器、超声波传感器、温湿度传感器进行信号采集, 利用 Python 和 MATLAB 对采集的信号进行分析处理。

8.1　搭建开发环境

8.1.1　Python 与 PyCharm 概述

1. Python 概述

Python 是一种面向对象的解释型高级编程语言。Python 语言简洁、易读、扩展性强, 在数据分析、机器学习和人工智能领域占据了越来越重要的地位, 并逐渐成为主流编程语言。

Python 由荷兰学者 Guido van Rossum 于 1989 年创建, 是一种开源语言。其源代码是开放的, 任何人都可以访问和修改, 并可使用 Python 来开发任何类型的应用程序, 从简单的脚本到复杂的大型应用程序。

Python 是一种脚本语言, 具有丰富的第三方库, 它可以帮助处理各种工作, 包括正则表达式、文档生成、单元测试、线程、数据库、网页浏览器、CGI (公共网关接口)、FTP (文件传输协议)、电子邮件、XML (可扩展标记语言)、HTML (超级文本标记语言)、WAV 文件、密码系统、GUI (图形用户界面) 等相关操作。

目前 Python 的应用领域包括: Web 开发、大数据处理、人工智能、自动化运维开发、云计算、爬虫技术、游戏开发等。

2. PyCharm 概述

PyCharm 是由 JetBrains 公司开发的一款 Python 开发工具, 它是专业、智能化、跨平台的 Python 集成开发环境 (integrated development environment, IDE)。PyCharm 具有帮助用户进行高效 Python 开发所需的工具, 如代码完善、调试、单元测试等功能。PyCharm 被广泛认为是 Python 开发的最佳选择之一。

8.1.2　Python 安装

这里以 Windows 64 位系统为例介绍如何安装 Python。在 Python 官网完成软件下载后, 双击安装程序, 弹出安装对话框, 选择自定义安装, 勾选 "Add python.exe to PATH", 如图 8.1 所示。

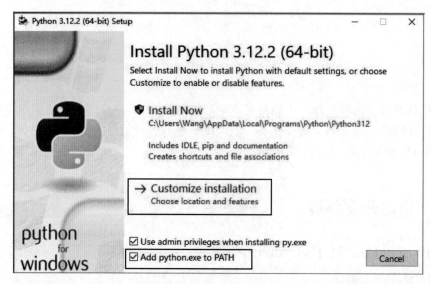

图 8.1　Python 安装过程一

"Optional Features" 中全部勾选 (图 8.2) 后, 自定义安装路径, 完成安装。

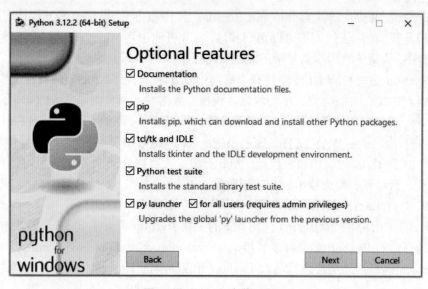

图 8.2　Python 安装过程二

安装结束后, 在运行窗口输入 cmd, 打开图 8.3 所示命令窗口, 输入 python 后回车, 检测是否安装成功。

图 8.3 在命令窗口检测 Python 是否安装成功

8.1.3 PyCharm 安装

在 PyCharm 官网完成软件下载, 双击 exe 文件进行安装即可, 如图 8.4 和图 8.5 所示。

图 8.4 PyCharm 安装界面

图 8.5　PyCharm 安装结束

8.2　声音传感器采集信号并绘制信号时 (频) 域图

8.2.1　基本原理

1. 声音传感器的基本工作原理

　　声音传感器内有一个对声音敏感的电容式驻极体话筒。声波 (模拟信号) 传入声音传感器后, 使话筒内的驻极体薄膜振动, 导致电容发生变化, 从而产生与之对应的微小电压变化, 这样就把声波转换成了电压波动, 再根据模数转换原理, 按一定规律变换成为电信号或其他所需形式的信息输出 (数字信号), 数字信号被传至计算机进行后续分析处理 (图 8.6)。

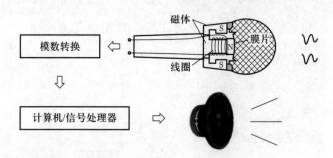

图 8.6　声音传感器工作原理示意

2. 模数转换

　　模拟信号: 在时间和幅值上都是连续的信号 (自然界的信号)。

　　数字信号: 在时间和幅值上都是离散的信号 (计算机里的信号)。

　　模数转换: 把模拟信号转换为数字信号的过程。

3. 奈奎斯特采样定理

最大频率为 W (Hz) 的信号, 至少要以 $2W$ 的采样频率进行采样, 才可能由采样值恢复原来的信号。

4. 时域与频域

时域描述数字信号与时间之间的关系。

频域描述数字信号与频率之间的关系。

8.2.2 软件实现

例 8.1 采集声音信号, 分别用 Python 和 MATLAB 绘制该信号的时域图。

解: 采集声音信号, 创建 WAVE 文件: Windows 系统 "开始" → "程序 " → "附件" → "娱乐" → "录音机" 录入自己的语音, 存成 test.wav 文件。

(1) 用 Python 绘制信号的时域图, 代码如下:

```
import scipy.io.wavfile as wav      #读取信号模块
import matplotlib.pyplot as plt     #画图模块
rt, wavsignal = wav.read('D:\test.wav')  # 写出文件路径并读信号
print("sampling rate = {} Hz, length = {} samples, channels = {}, dtype =
{}".format(rt, *wavsignal.shape, wavsignal.dtype))  #输出信号
fig=plt.figure(1)  #画图
plt.plot(wavsignal)  #画图
plt.xlabel('Time/ms')
plt.ylabel('Amplitude')
plt.show()  #显示图形
```

以上 Python 代码运行结果如图 8.7 所示。

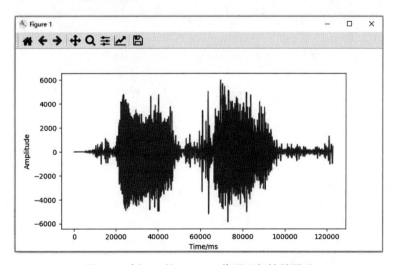

图 8.7 例 8.1 的 Python 代码运行结果图示

(2) 用 MATLAB 绘制信号的时域图, 代码如下:

```
[x,fs]= audioread ('D:\test.wav');  %写出文件路径并读信号
y=x(:,1);                          %单声道?
sound(y,fs);                       %发出声音
figure;
plot(y);  xlabel('时间/s');ylabel('幅度');  %画时域图
audiowrite(filename,y,fs)          %保存文件
```

以上 MATLAB 代码运行结果如图 8.8 所示。

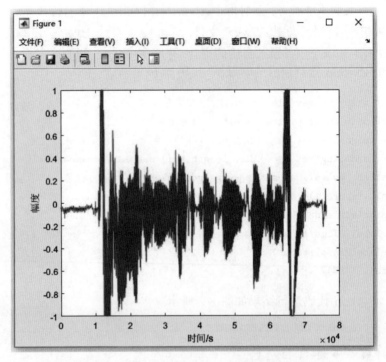

图 8.8　例 8.1 的 MATLAB 代码运行结果图示

例 8.2　分别用 Python 和 MATLAB 生成数字信号。

解:

(1) Python 代码如下:

```
from scipy import signal
import numpy as np
import matplotlib.pyplot as plt
N=np.linspace(-3,11,15,dtype=int)#横坐标
x=np.array([0,2,3,3,2,3,0,-1,-2,-3,-4,-5,1,2,1])  #纵坐标
fig=plt.figure() #画图框
plt.stem(N,x)  #画离散图
plt.xlabel('Sampling points')
```

```
plt.ylabel('Amplitude')
plt.show()
```

以上 Python 代码运行结果如图 8.9 所示。

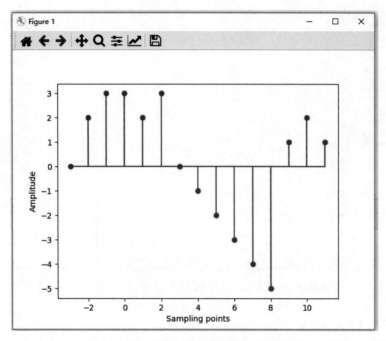

图 8.9 例 8.2 的 Python 代码运行结果图示

(2) MATLAB 代码如下:

```
% t = tmin:1/fs (周期): tmax
% fs is the desired sampling frequency
t = 0:1/100:0.05;
y = sin(2*t)-1;
stem(t,y); xlabel('时间/s');ylabel('幅度')
```

以上 MATLAB 代码运行结果如图 8.10 所示。

例 8.3 分别用 Python 和 MATLAB 绘制信号的时 (频) 域图。

解:

(1) Python 代码如下:

```
import numpy as np
import matplotlib.pyplot as plt
Fs=1000   #采样频率
T=1/Fs    #采样周期
L=1000    #信号长度
t=np.arange(0,L)*T  #时间变量
f1=50     #信号的频率
```

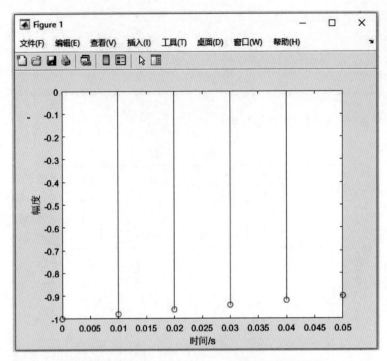

图 8.10 例 8.2 的 MATLAB 代码运行结果图示

```
f2=120    #信号的频率
x=0.7*np.sin(2*np.pi*f1*t) + 0.3*np.sin(2*np.pi*f2*t)    #合成信号
X=np.fft.fft(x)    #计算x的FFT
freqs=np.fft.fftfreq(len(x), d=T)    #计算频率
X_half=X[:L//2]    #取FFT结果的前一半,因为FFT的结果是对称的
freqs_half=freqs[:L//2]
plt.figure(figsize=(10,6))    #打印结果
plt.subplot(2,1,1)
plt.plot(t,x)
plt.xlabel('Time/s')
plt.ylabel('Amplitude')
plt.subplot(2, 1, 2)
plt.plot(freqs_half, np.abs(X_half))
plt.xlabel('Frequency/Hz')
plt.ylabel('Magnitude')
plt.grid()
plt.show()
```

以上 Python 代码运行结果如图 8.11 所示。

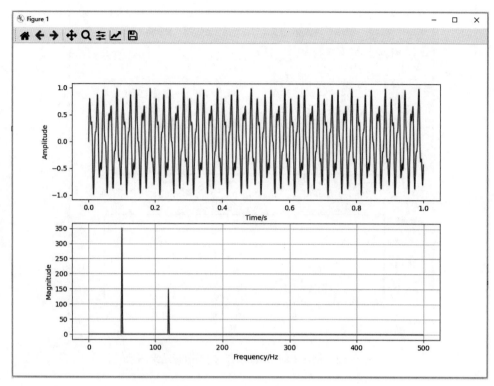

图 8.11 例 8.3 的 Python 代码运行结果图示

(2) MATLAB 代码如下:

```
[x,fs]=audioread ('D:\test.wav');  %写出文件路径
y=x(:,1);  %单声道?
N=10000;  %采样点数
Y=fft(y);
%Plot single-sided amplitude spectrum
figure
subplot(211),plot(y);
xlabel('时间/s');
ylabel('幅度');
subplot(212),plot(abs(Y(1:N/2)));
xlabel('频率/Hz');
ylabel('幅度')
```

以上 MATLAB 代码运行结果如图 8.12 所示。

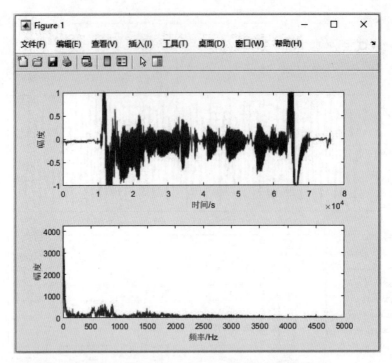

图 8.12 例 8.3 的 MATLAB 代码运行结果图示

8.2.3 应用练习

练习 8.1 用声音传感器采集一段声音信号, 并将采集的信号输入计算机, 模仿图 8.13 所示的某信号时域图, 使用 Python 或 MATLAB 软件在时域中用图表示所输入的声音信号。

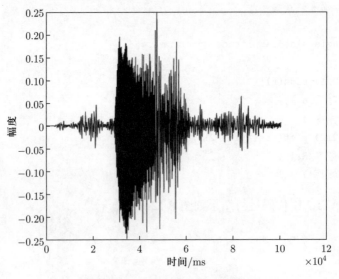

图 8.13 某声音信号的时域图一

练习 8.2 用声音传感器采集一段声音信号, 并将采集的信号输入计算机, 模仿图 8.14 所示的某信号频域图, 使用 Python 或 MATLAB 软件在频域中用图表示所输入的声音信号。

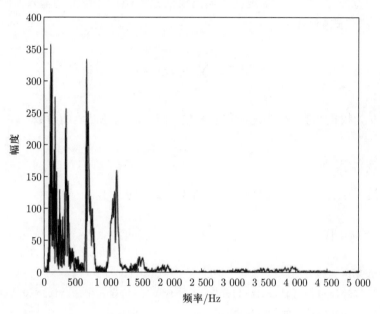

图 8.14 某声音信号的频域图二

8.3 利用差分方程分析处理语音信号

8.3.1 基本原理

1. 差分方程

差分方程是用来描述线性、时不变、因果关系的数字滤波器。

差分方程的一般表达公式如下:

$$\sum_{k=0}^{N} a_k y[n-k] = \sum_{k=0}^{M} b_k x[n-k] \tag{8.1}$$

式中, a、b 为权重系数, 称为滤波器的系数; N、M 为滤波器的阶数。

2. 递归滤波器和非递归滤波器

递归滤波器: 数字系统现在的输出依赖于现在和以前的输入及过去的输出, 满足式 (8.2)。

$$y[n] = -\sum_{k=1}^{N} a_k y[n-k] + \sum_{k=0}^{M} b_k x[n-k] \tag{8.2}$$

非递归滤波器: 数字系统现在的输出仅依赖于现在和以前的输入, 不依赖于过去的输出, 满足式 (8.3)。

$$y[n] = \sum_{k=0}^{M} b_k x[n-k] \tag{8.3}$$

式中, a、b 为权重系数, 称为滤波器的系数; N、M 为滤波器的阶数。

8.3.2 软件实现

例 **8.4** 分别用 Python 和 MATLAB 求解差分方程。

解:

(1) Python 代码如下:

```python
#差分方程如下:
# y[n]-0.6y[n-1]=x[n]+2x[n-1],初始条件:y[-1]=1,输入信号:x[n]=(0.1a)**n*u[n],a=
import matplotlib.pyplot as plt
import numpy as np
from scipy import signal
nmin = 0
nmax = 8
n = np.arange(nmin,nmax+1,1)    #n的取值从min到max,间隔1
den = np.array([1,0.6])   #y[n]的系数
num = np.array([1,2])    #x[n]的系数
xn = (0.1*7)**n   #输入信号x[n]
x01 = np.array([0]);
zi1 = signal.lfilter_zi(num,den)    #差分方程
#解差分方程
y3,_ = signal.lfilter(num,den,xn,zi=zi1)   #将x[n]代入差分方程
#计算单位冲激响应
#t4,y4 = signal.dimpulse((num,den,1),n=nl)
plt.subplot(211)
plt.stem(n,xn)
plt.ylim(-1,2.5)
plt.xlabel('Sampling points')
plt.ylabel('x[n]/input')
plt.subplot(212)
plt.stem(n,y3)
plt.ylim(-1,2.5)
```

```
plt.xlabel('Sampling points')
plt.ylabel('y[n]/output')
plt.show()
```

以上 Python 代码运行结果如图 8.15 所示。

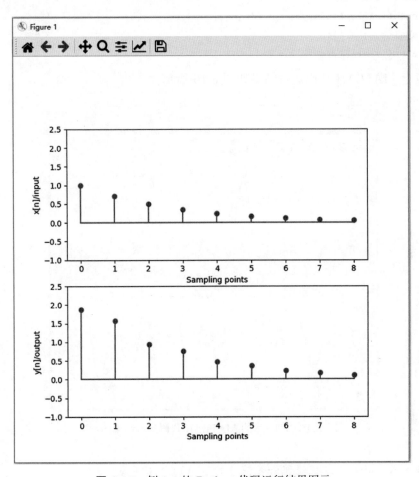

图 8.15 例 8.4 的 Python 代码运行结果图示

(2) MATLAB 代码如下:

```
%差分方程为y[n]-0.95y[n-1]+0.9025y[n-2]=1/3[x[n]+x[n-1]+x[n-2]], n>=0
% x[n]=cos(pin/3), y[-1]=-2, y[-2]=-3, x[-1]=1, x[-2]=1
  b=[1,1,1]/3; a=[1,-0.95, 0.9025];
  Y=[-2,-3]; X=[1,1];
  xic=filtic(b,a,Y,X);
  n=[0:50];
  x=cos(pi*n/3);
  y=filter(b,a,x,xic);
  plot(n,y);title('系统响应曲线');
```

```
    figure;plot(n,x);title('系统输入曲线')
figure
subplot(211),plot(n,x);
xlabel('采样点');
ylabel('x[n]/输入信号');
subplot(212),plot(n,y);
xlabel('采样点');
ylabel('y[n]/输出信号')
```

以上 MATLAB 代码运行结果如图 8.16 所示。

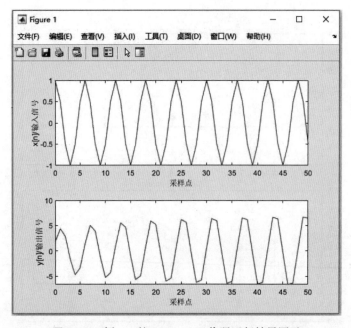

图 8.16 例 8.4 的 MATLAB 代码运行结果图示

例 8.5 用差分方程处理语音信号的 MATLAB 实现。
解: MATLAB 代码如下:

```
%解差分方程y[n]-0.95y[n-1]+0.9025y[n-2]=1/3[x[n]+x[n-1]+x[n-2]], n>=0
% x[n]为采集的信号, y[-1]=-2, y[-2]=-3, x[-1]=1, x[-2]=1
b=[1,1,1]/3; a=[1,-0.95, 0.9025];
Y=[-2,-3]; X=[1,1];
xic=filtic(b,a,Y,X);
n=[0:50];
[x,Fs]=audioread('D:\test.wav');   %自己录入的wav文件
xn=x(:,1);   %单声道?
y=filter(b,a,xn,xic);
figure
subplot(211),plot(xn), title('输入信号曲线'); axis([0 200000 -0.5 0.5]);
```

```
xlabel('时间/ms');
ylabel('幅度');
subplot(212),plot(y),title('差分方程运算处理后信号曲线'); axis([0 200000
-0.5 0.5]);
xlabel('时间/ms');
ylabel('幅度');
sound(xn,Fs);
sound(y,Fs)
```

以上 MATLAB 代码运行结果如图 8.17 所示。

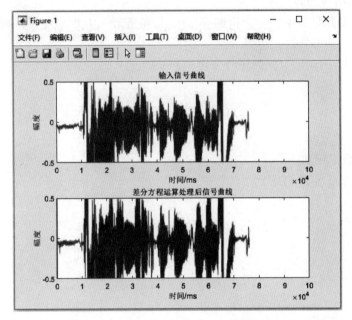

图 8.17 例 8.5 的 MATLAB 运行结果图示

8.3.3 应用练习

练习 8.3 通过声音传感器采集一段声音信号并输入计算机, 使用 Python 或 MATLAB 软件, 学习例 8.4 和例 8.5 的方法, 用下面差分方程

$$y[n] - 0.95y[n-1] + 0.902\,5y[n-2] = 1/3[x[n] + x[n-1] + x[n-2]]$$

对采集的声音信号进行处理, 显示出处理前和处理后的信号, 说明差分方程对输入信号进行了什么处理。

8.4 红外线传感器采集信号并进行傅里叶变换

8.4.1 基本原理

1. 红外线测距传感器的基本工作原理

红外线测距传感器具有一对红外信号发射与接收二极管 (图 2.9), 发射管发射特定频率的红外信号, 接收管接收这种频率的红外信号的反射波。当红外线在检测方向遇到障碍物时会被反射, 反射波被接收管接收, 反射信号的强度因障碍物的距离不同而不同。

2. 数字信号的傅里叶变换

傅里叶变换是数字信号分析的一个工具, 它把信号从时域变换到频域, 主要为了研究信号的频率特性。

信号 $x[n]$ 的离散时间傅里叶变换 (DTFT) 为

$$X(\Omega) = \sum_{n=-\infty}^{+\infty} x[n]\mathrm{e}^{-\mathrm{j}n\Omega} \tag{8.4}$$

式中, Ω 为数字频率。

离散傅里叶变换 (DFT) 为

$$X(k) = \sum_{n=0}^{N-1} x[n]\mathrm{e}^{-\mathrm{j}2\pi\frac{k}{N}n} \tag{8.5}$$

式中, $k = 0, 1, 2, \cdots, N-1$; $n = 0, 1, 2, \cdots, N-1$; N 为采样点数。

8.4.2 软件实现

例 8.6 分别使用 Python 和 MATLAB 对数字信号 $f = \{2, 4, 6, 8, 10\}$ 进行傅里叶变换。

解:

(1) Python 代码如下:

```
import numpy as np
from scipy.fft import fft
x = [2, 4, 6, 8, 10] # 定义输入信号
X = fft(x) # 对输入信号进行傅里叶变换
print("输入信号:", x)
print("傅里叶变换:", X)
```

(2) MATLAB 代码如下:

```
x=[2,4,6,8,10];%定义输入信号
X=fft(x) %对输入信号进行傅里叶变换
```

例 8.7 分别使用 Python 和 MATLAB 对下面信号进行傅里叶变换。

f = sin(2*pi*30*t) + sin(2*pi*500*t) + 3.4*randn(1,length(t))

解:
(1) Python 代码如下:

```python
import numpy as np
from scipy.fftpack import fft,ifft
import matplotlib.pyplot as plt
t=np.linspace(0,3,300)  # 0到3区间的数300个
x=np.sin(2*np.pi*30*t)+np.sin(2*np.pi*500*t)
f=x+3.4*np.random.randn(300)#输入信号f
F1=fft(f)
F=abs(F1)
plt.figure()
plt.subplot(211)
plt.plot(t,f)#显示输入信号f
plt.xlabel('Sampling points')
plt.ylabel('Input')
plt.subplot(212)
plt.plot(t,F)#显示傅里叶谱F
plt.xlabel('Frequency/Hz')
plt.ylabel('Fourier spectrum')
plt.show()
```

以上 Python 代码的运行结果如图 8.18 所示。
(2) MATLAB 代码如下:

```matlab
clear  all
clc
t=0:0.01:3;                    %时间间隔为0.01说明采样频率为100 Hz
x=sin(2*pi*30*t)+sin(2*pi*500*t);%产生主要频率为30 Hz和500 Hz的信号
f=x+3.4*randn(1,length(t));       %在信号中加入白噪声
subplot(121);
plot(f);                          %画出原始信号的波形图
ylabel('幅度');
xlabel('采样点');
title('原始信号');
y=fft(f,1024); %对原始信号进行离散傅里叶变换,参加DFT的采样点个数为1024
p=y.*conj(y); %计算功率谱密度,conj表示复共轭,1024为调整放大倍数
ff=100*(0:511)/1024;              %计算变换后不同点所对应的频率值
subplot(122);
plot(ff,p(1:512));                %画出信号的频谱图
ylabel('功率谱密度');
```

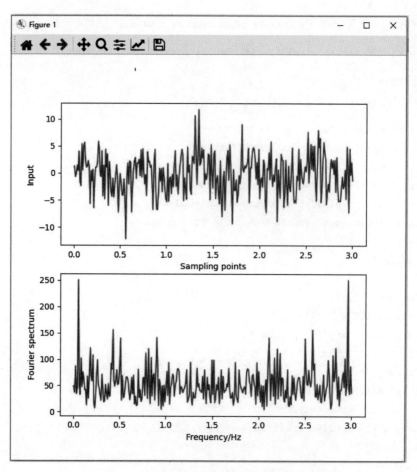

图 8.18　例 8.7 的 Python 运行结果图示

```
xlabel('频率/Hz');
title('信号功率谱图')
```

以上 MATLAB 代码的运行结果如图 8.19 所示。

例 8.8　分别使用 Python 和 MATLAB 对采集的声音信号进行傅里叶变换。

解:

(1) Python 代码如下:

```
import wave
from scipy.fftpack import fft,ifft
import matplotlib.pyplot as plt
import numpy as np
def wave_read(path):
    f=wave.open('F:\test.wav',"rb") #打开wav文件,Open返回一个Wave_read类
    params=f.getparams() #读取数据
    nchannels,sampwidth,framerate,nframes=params[:4]
    str_date=f.readframes(nframes)
```

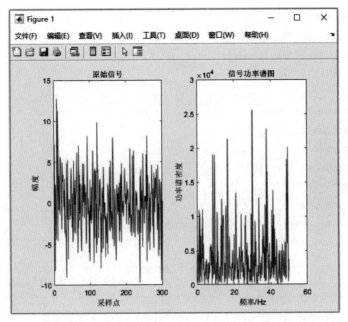

图 8.19 例 8.7 的 MATLAB 运行结果图示

```
    f.close()
    wave_date=np.frombuffer(str_date,dtype=np.short)
    wave_date.shape=-1,2 # wave_date数组改为2列,行自动匹配
    wave_date=wave_date.T #转置数据为2行
    time=np.arange(0,nframes)*(1.0/framerate) #计算采样周期
    return wave_date,time
def date_fft(data,time,start,end):
    t=[]
    y=[]
    for i in range(time.size):
        if ((time[i]>=start)&(time[i]<=end)):
            t=np.append(t,time[i])
            y=np.append(y,data[0][i]) #读取左声道
    n=len(t) #信号长度
    yy=fft(y)
    yf=abs(yy)
    yf1=abs(fft(y))/n   #归一化处理
    yf2=yf1[range(int(n/2))] #由于FFT对称,这里只取一半
    xf=np.arange(len(y)) #频率
    xf1=xf
    xf2=xf[range(int(n/2))] #只取一半
    #显示原始图
    plt.figure()
    plt.subplot(121)
```

```
    plt.plot(t,y,'g')
    plt.xlabel("Time/s")
    plt.ylabel("Amplitude")
    plt.title("Original wave")
#显示FFT
    plt.subplot(122)
    plt.plot(xf2,yf2,'b')
    plt.xlabel("Frequency/Hz")
    plt.ylabel("|FFT|")
    plt.title("FFT")
    plt.show()
wave_date,time=wave_read("F:\test.wav")
date_fft(wave_date,time,1,2)
```

以上 Python 代码的运行结果如图 8.20 所示。

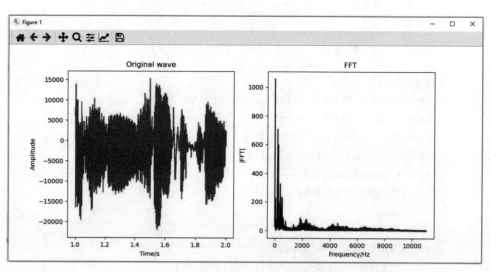

图 8.20　例 8.8 的 Python 运行结果图示

(2) MATLAB 代码如下:

```
[x,fs]= audioread ('D:\test.wav');  % 写出文件路径
y=x(:,1);  % 单声道?
N=10000;  % 取确定的样点数N
Y = fft(y);
% Plot single-sided amplitude spectrum.
figure
subplot(211),plot(y); xlabel('时间/s');ylabel('幅度');
subplot(212),plot(abs(Y(1:N/2))); xlabel('频率/Hz');ylabel('幅度')  %只显示
0~N/2的绝对值
```

以上 MATLAB 代码的运行结果如图 8.21 所示。

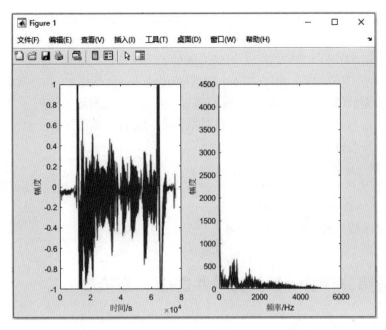

图 8.21 例 8.8 的 MATLAB 运行结果图示

8.4.3 应用练习

练习 8.4 用红外线测距传感器采集信号。

(1) 将单片机的 USB 接口与计算机的 USB 接口连接, 成功连接后打开 "数字传感技术与机器人控制-NEU" 软件 (图 8.22), 点击 "刷新串口" 按钮, 可以看到已

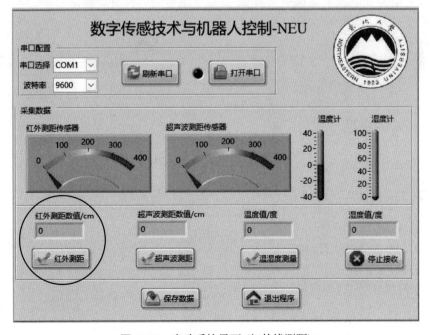

图 8.22 实验系统界面 (红外线测距)

经识别到连接的串口 COM3 (注: 也可能是 COM2、COM4 或其他), 波特率 9 600 不需要修改。

(2) 点击 "打开串口" 按钮, 若看到左侧的绿色指示灯亮起则为成功。

(3) 点击 "红外测距" 按钮, 开始红外测距传感器的数据采集, 持续数秒, 若上方的 "红外测距数值" 区没有显示数值, 则需重新点击 "红外测距" 按钮。

(4) 点击 "停止接收" 按钮, 结束红外线测距传感器的数据采集。

(5) 点击 "保存数据 "按钮。

上述操作详见第四篇。

(6) 使用 Python 或 MATLAB 软件, 参考例 8.6 至例 8.8 代码, 对红外线测距传感器采集的数据进行傅里叶变换。

(7) 显示数据傅里叶变换的结果。

8.5　超声波传感器采集信号并进行 z 变换

8.5.1　基本原理

1. 超声波测距传感器的基本工作原理

超声波是一种频率高于 20 kHz、超过人耳听觉上限的声波, 它是一种在弹性介质中的机械振荡波。超声波传感器由超声波发生器和超声波接收器组成 (图 2.6)。

2. z 变换的基本工作原理

z 变换是数字信号处理中的一个重要工具, 它把信号从时域变换到 z 域。z 变换使数字信号和系统的描述更加紧凑, 使数字信号的计算更加容易。

数字信号 $x[n]$ 的 z 变换 $X(z)$ 为

$$X(z) = \sum_{n=0}^{+\infty} x[n]z^{-n} \tag{8.6}$$

8.5.2　软件实现

例 8.9　对信号 $x[n] = \left(\dfrac{1}{2}\right)^n + \left(\dfrac{1}{3}\right)^n$ 进行 z 变换。

解: MATLAB 代码如下:

```
syms n
f=0.5^n+(1/3)^n; %定义离散信号
F=ztrans(f); %z变换
pretty(F);%给出z变换表达式
```

例 8.10　对信号 $x[n] = n^4$ 进行 z 变换。

解: MATLAB 代码如下:

```
syms n
f=n^4; % 定义离散信号
F=ztrans(f); %z变换
pretty(F); %给出z变换表达式
```

例 8.11　对信号 $x[n] = \sin(an+b)$ 进行 z 变换。
解: MATLAB 代码如下:

```
syms a b n
f=sin(a*n+b); %定义离散信号
F=ztrans(f) %z变换
pretty(F); %给出z变换表达式
```

8.5.3　应用练习

练习 8.5　用超声波传感器采集信号。

(1) 将单片机的 USB 接口与计算机的 USB 接口连接, 成功连接后打开 "数字传感技术与机器人控制-NEU" 软件 (图 8.23), 点击 "刷新串口" 按钮, 可以看到已经识别到连接的串口 COM3 (注: 也可能是 COM2、COM4 或其他), 波特率 9 600 不需要修改。

(2) 点击 "打开串口" 按钮, 若看到左侧的绿色指示灯亮起则为成功。

(3) 点击 "超声波测距" 按钮, 开始超声波测距传感器的数据采集, 持续数秒, 若上方的 "超声波测距数值" 区没有显示数值, 则需重新点击 "超声波测距" 按钮。

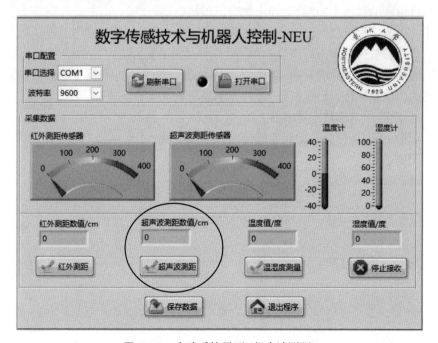

图 8.23　实验系统界面 (超声波测距)

(4) 点击 "停止接收" 按钮, 结束超声波测距传感器的数据采集。

(5) 点击 "保存数据" 按钮。

上述操作详见第四篇。

(6) 打开 MATLAB 软件, 参考例 8.9 至例 8.11 代码, 对超声波测距传感器采集的数据进行 z 变换。

(7) 显示数据 z 变换的结果。

8.6 有限脉冲响应数字滤波器设计

8.6.1 基本原理

1. 温湿度传感器的基本工作原理

温湿度传感器是指能将温度和相对湿度转换成容易被处理的电信号的设备或装置。

温度是度量物体冷热的物理量, 是国际单位制中 7 个基本物理量之一。日常生活中最常用的表示湿度的物理量是空气的相对湿度, 用%RH 表示。相对湿度与温度有着密切的关系, 一定体积的密闭气体, 其温度越高, 相对湿度越低, 反之则相对湿度越高。

在本书实验使用的温湿度传感器 (Risym SHT30) 中, 温度的测量是采用热电偶的方法。热电偶由两种不同材料的金属丝组成, 两种丝材的一端焊接在一起, 形成工作端, 置于被测温度处; 另一端称为自由端, 与测量仪表相连, 形成一个封闭回路。当工作端与自由端的温度不同时, 回路中就会出现热电动势, 经过电路的转换将这个电压的变化传送至单片机, 转化成机器能够识别的信号。湿度测量是使用沉积在两个导电电极上的聚胺盐或醋酸纤维聚合物薄膜 (一种高分子化合物), 当薄膜吸水或失水后, 会改变两个电极间的介电常数, 进而引起电容器容量的变化, 利用外部测量电路可对电容器的容量变化进行转化处理, 最终在输出端显示成易识别的信号。

2. 有限脉冲响应数字滤波器

有限脉冲响应 (FIR) 滤波器的输出仅取决于输入, 而与过去的输出无关, 也称为非递归滤波器。

非递归滤波器的差分方程为

$$y[n] = \sum_{k=0}^{M} b_k x[n-k] \tag{8.7}$$

非递归滤波器脉冲响应为

$$h[n] = \sum_{k=0}^{M} b_k \delta[n-k] \tag{8.8}$$

式中, b_k 为权系数。

8.6.2 软件实现

例 8.12 用 Python 设计有限脉冲响应低通滤波器。
解: Python 代码如下:

```python
import numpy as np
from scipy import signal
# 定义滤波器的参数
order = 33   # 滤波器阶数
cutoff_freq = 2000   # 截止频率
sampling_rate = 10000   # 采样频率
t = np.arange(0, 1 / sampling_rate, 1 / sampling_rate)
input_signal = np.cos(2 * np.pi * 300 * t + np.pi/2)#输入信号
filtered_signal = signal.firwin(order + 1, cutoff_freq / (sampling_rate / 2),
window='hann')# 设计FIR滤波器
output_signal = signal.lfilter(filtered_signal, [1], input_signal)
print("输入信号:\n", input_signal)
print("\n经过FIR滤波后的信号:\n", output_signal)
```

例 8.13 使用 MATLAB 根据下列指标设计有限脉冲响应低通滤波器: 通带边缘频率为 2 kHz, 阻带边缘频率为 3 kHz, 阻带衰减 40 dB, 采样频率为 10 kHz。
解: 用 MATLAB 快捷方式: filterDesigner 或 fdatool, 如图 8.24 所示。

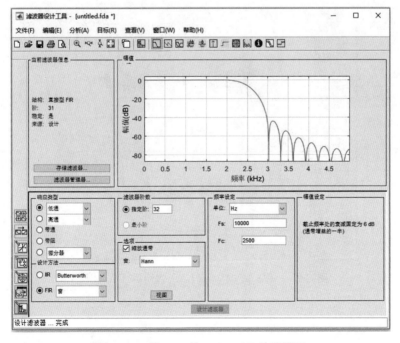

图 8.24 例 8.13 的 MATLAB 快捷界面

选择采样频率 $F_s = 10$ kHz, 选择设计中的通带边缘频率 $F_c = 2\,500$ Hz, 选择项数 $N = 32$, 选择汉宁窗, 如图 8.24 所示。

MATLAB 代码如下:

```
Fs = 10000;
N = 32;
Fc = 2500;
flag = 'scale';
win = hann(N+1); %计算出窗口内点数=33,而在可视化界面给的N=32,N+1=33
% Calculate the coefficients using the FIR1 function.
b = fir1(N, Fc/(Fs/2), 'low', win, flag);
Hd = dfilt.dffir(b);
%以上是生成的代码
[x,fs]= audioread ('D:test.wav');  %输入信号文件
X=x(:,1);   %如果是双声道声音文件,则选择单声道,否则不需要执行此句
y = filter(b,1,X);%用设计的滤波器对输入信号进行处理
subplot(211),plot(X); xlabel('时间/s');ylabel('幅度'); %显示输入信号
subplot(212),plot(y); xlabel('时间/s');ylabel('幅度') %显示输出信号
```

以上 MATLAB 代码运行结果如图 8.25 所示。

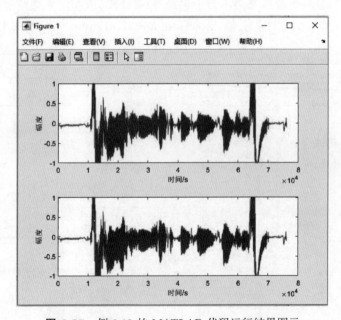

图 8.25　例 8.13 的 MATLAB 代码运行结果图示

8.6.3 应用练习

练习 8.6　用温湿度传感器采集信号。

(1) 将单片机的 USB 接口与电脑的 USB 接口连接, 成功连接后打开 "数字传感技术与机器人控制-NEU" 软件 (图 8.26), 点击 "刷新串口" 按钮, 可以看到已经识别到连接的串口 COM3 (注: 也可能是 COM2、COM4 或其他), 波特率 9 600 不需要修改。

(2) 点击 "打开串口" 按钮, 若看到左侧的绿色指示灯亮起则为成功。

(3) 点击 "温湿度测量" 按钮, 开始温湿度传感器的数据采集, 持续数秒, 若上方的 "温度值" 或 "湿度值" 区没有显示数值, 则需重新点击 "温湿度测量" 按钮。

(4) 点击 "停止接收" 按钮, 结束数据采集。

(5) 点击 "保存数据" 按钮。

上述操作详见第四篇。

(6) 所采集的温湿度信号数据作为例 8.13 所需设计的有限脉冲响应低通滤波器的输入, 求输出结果。

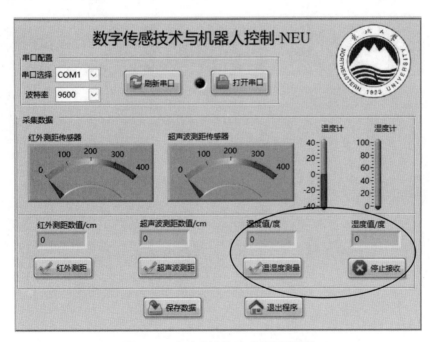

图 8.26　实验系统界面 (温湿度测量)

练习 8.7

1) 根据下列指标设计有限脉冲响应低通滤波器: 通带边缘频率为 10 kHz, 阻带边缘频率为 22 kHz, 阻带衰减为 75 dB, 采样频率为 50 kHz。

2) 将练习 8.6 采集的信号作为滤波器的输入, 求输出结果。

思考题

1. 以声音传感器采集信号为例,阐述其对信号进行模数转换的基本过程。
2. 为什么要分别用时域和频域来描述信号?
3. 如何理解差分方程的数学意义和性质?
4. 信号分析处理中为什么使用差分方程?
5. 红外线测距传感器的优缺点是什么?
6. 如何理解傅里叶变换的意义?
7. 超声波测距传感器的优缺点是什么?
8. 在数字信号处理中,z 变换的意义是什么?
9. 阐述温湿度传感器的基本工作原理。
10. 在信号处理中,数字滤波器的作用是什么?

第一篇参考文献

[1] RobotLAB Group. NAO 机器人 [EB/OL]. [2024-03-09].

[2] 张力平. 面向未来的 "数字感知" [J]. 电信快报, 2019(1): 48.

[3] 谢新洲, 何雨蔚. 重启感官与再造真实: 社会机器人智媒体的主体、具身及其关系 [J]. 新闻爱好者, 2020(11): 15-20.

[4] 喻国明, 姜桐桐. 元宇宙时代: 人的角色升维与版图扩张 [J]. 新闻与传播评论, 2022, 75(4): 5-12.

[5] 王超. IEEE 会长袁昱: "数字感知" 是 AR/VR 与 AI 相结合 [EB/OL]. (2016-06-14) [2024-03-09].

[6] LU Y, WANG H, ZHOU B, et al. Continuous and simultaneous estimation of lower limb multi-joint angles from sEMG signals based on stacked convolutional and LSTM models[J]. Expert Systems with Applications, 2022, 203: 117340.

[7] 弗雷登. 现代传感器手册: 原理、设计及应用 [M]. 宋萍, 隋丽, 潘志强, 译. 北京: 机械工业出版社, 2020.

[8] Van de Vegte J. 数字信号处理基础 [M]. 侯正信, 王国安, 等译. 北京: 电子工业出版社, 2003.

[9] 《数学辞海》编辑委员会. 数学辞海 [M]. 北京: 中国科学技术出版社, 2002.

[10] 吴重光. 系统建模与仿真 [M]. 北京: 清华大学出版社, 2008: 12-17.

[11] 孙彬彬. 无线模拟电视今年底退出历史舞台 我国全面进入数字电视时代 [EB/OL]. (2020-07-22) [2024-03-09].

[12] 陈劲, 杨文池, 于飞. 数字化转型中的生态协同创新战略——基于华为企业业务集团 (EBG) 中国区的战略研讨 [J]. 清华管理评论, 2019(6): 22-26.

[13] 康道智能. 工业机器人在 PCB 数字化工厂代替人工的优势 [EB/OL]. (2022-08-03) [2024-03-09].

[14] 李培根. 2016—2017 中国制造业两化融合十大热点 [EB/OL]. (2017-03-30) [2024-03-09].

[15] 李进良, 倪健中. 信息网络辞典 [M]. 北京: 东方出版社, 2001.

第二篇

仿人机器人运动规划

第 9 章　仿人机器人行走稳定性判据

仿人机器人是一种模仿人类形态和行为的机器人, 配备了多种传感器、复杂的控制系统和作动器, 能够实现感知环境、绕过障碍、做出决策和操作物体等功能。这种机器人的设计目的是协助人类执行各种任务, 从日常生活中的辅助工作到危险环境中的救援任务, 为人类创造更安全、更便利的未来生活。例如, 图 9.1 所示为北京理工大学的第 5 代 "汇童" 仿人机器人[1]。

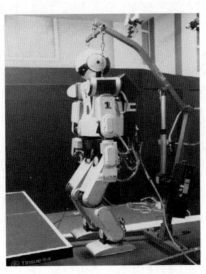

图 9.1　北京理工大学第 5 代 "汇童" 仿人机器人[1]

由于仿人机器人本身具有的动态变化的单向约束、欠驱动以及可能存在的闭环运动学, 控制仿人机器人和控制固定基座的工业机器人具有本质的不同[2]。其中一个很大的区别是, 仿人机器人必须在执行预定位姿的同时保持动态平衡或稳定。为了便于描述机器人的运动, 机器人领域以及生物力学领域的学者们提出了许多稳定性判据。这些稳定性判据所依赖的几何特征为机器人的行走运动稳定性提供了重要的判别标准[3]。

9.1 零力矩点稳定性判据

在行走过程中, 随着单足支撑和双足支撑的交替, 机器人行走机构不断形成开放运动链和闭合运动链。双足机器人所有关节都由驱动器来主动控制, 但脚与地面的接触为被动自由度。由于机器人脚与环境接触是被动的, 只能通过足部以上机构的动力学来间接控制。该机构整体行为可以用一个特殊的点来表征, 在该点处作用在机构所有构件上的重力和惯性力及力矩可以等效为一个合力和竖直方向的力矩。该点就是零力矩点 (zero moment point, ZMP), 定义为脚与地面接触面上一点, 地面反力在该点产生的力矩水平分量为零[4]。事实上, ZMP 的真实含义是零倾覆力矩点。ZMP 的概念虽然可以追溯到早期生物力学领域的研究, 但是在机器人领域首先明确提出并应用这个概念的是 Vukobratović。意识到 ZMP 对运动规划的重要性是双足机器人步态规划和控制的转折点[5]。在 ZMP 概念被提出之后, Vukobratović 本人以及其他许多研究者对 ZMP 理论进行了不断的完善。目前 ZMP 概念在双足机器人领域已经成为一个广泛应用的稳定性判定准则。在文献 [5] 中, Vukobratović 将很多文献中的稳定性 (stability) 概念纠正为动态平衡 (dynamic balance)。Vukobratović 等指出 "平衡 (balance)" 意思是整个机器人的直立状态。这个概念不应和达朗贝尔原理定义的 "平衡 (equilibrium)" 混淆。仿人机器人绕着足底一个边的转动满足达朗贝尔原理定义的 "平衡", 但是从保持直立姿态的角度, 这个状态是不平衡的[6]。如果支撑脚相对地面没有转动, 那么仿人机器人的步态是动态平衡的。由于历史原因, 本书某些表述仍然沿用 "稳定性", 但需要注意这个概念的本意是动态平衡。

9.2 其他稳定性判据

Vukobratović 还提出了 FZMP (fictious ZMP) 的概念, 可以定义在脚支撑区域之外, 而且和 ZMP 一样, 机器人的重力、惯性力及力矩在 FZMP 处产生的水平扭矩为零[5]。ZMP 只能在支撑区域以内判定稳定性, 并且与脚底压力中心 (center of pressure, CoP) 重合。当 ZMP 移动到脚支撑区域的边缘上时, ZMP 不能用来判定稳定性。当 ZMP 移动到支撑区域边缘且机器人的支撑脚存在翻转趋势时, 需要用 FZMP 来描述机器人的 (不) 稳定性[5]。类似地, 为了能够描述机器人的不稳定性, Goswami 等引入了足翻转指示器 (foot rotation indicator, FRI), 可以提供支撑脚的角加速度信息。FRI 可用于判定支撑脚与地面接触状态是静止或以一定角加速度旋转。在受到比较大的扰动后, 机器人可能处于非动态平衡状态, 这时需要机器人调整落脚点来保证直立状态。Pratt 等提出了捕获点 (capture point, CP) 的概念。CP 定义为地面上一点, 机器人可以迈步到该点达到完全静止的状态[7]。以上的稳定性指标只能用于水平路面, 此外还有一些可用于非水平路面的稳定性判定方法, 如 FSW (feasible solution of wrench)[8] 和 CWS (contact wrench sum)[9] 等。

9.3 各稳定性判据的性质及相互关系

从相对于支撑多边形的位置来讲, ZMP 只能在支撑多边形之内起作用[4], 并与 CoP 位置重合, 在边缘上时足若翻转, 则 ZMP 不复存在, CoP 仍然存在。FZMP 可处在支撑多边形边缘或之外, FRI 和 CP 则可处在任意位置。在支撑区域之内 FRI 等于 ZMP, 在支撑区域边缘或之外 FRI 等于 FZMP[6]。总结一下, 在支撑多边形以内, ZMP、CoP 和 FRI 重合; 在支撑多边形边缘且支撑足发生翻转时, ZMP 不存在, CoP 也失去判稳能力; 在支撑多边形之外, ZMP 或 CoP 都无法定义, FRI 和 FZMP 重合。FSW 和 CWS 没有简单的支撑区域的概念。

从功能来讲, ZMP 只在机器人脚底与地面完全接触且脚掌无翻转趋势的情况下有意义, CoP 则允许脚掌翻转, 当脚掌翻转时, ZMP 丧失意义而 CoP 将不能反映机器人角动量的变化, 此时无法仅靠其位置表征稳定性。虽然在支撑范围以内 ZMP 和 CoP 重合, 但是两者的意义不同, ZMP 指的是机器人所受的重力、惯性力及力矩所产生的力矩水平分量为零的点, 而 CoP 定义为地面反作用力的等效点。FRI 可以反映机器人不稳定的程度, 但是不能回答如何恢复动态平衡。CP 给出了机器人处在不稳定状态时, 如何迈步能最终保持直立状态, CP 理论将稳定性看作通过调整落脚点保持直立状态而不会失控摔倒的能力。

需要注意的是, 这些稳定性指标几乎都只适用于水平地面。FSW 和 CWS 可用于判定非水平路面上行走的稳定性, 但概念和计算方法比较复杂, 定义参考轨迹比较困难。

思考题

1. 行走动态平衡和达朗贝尔原理定义的 "平衡" 有何区别和联系?
2. ZMP 为何不能定义在支撑多边形以外?
3. ZMP 和 CoP 概念上有何区别? ZMP 和 CoP 是否一定重合?

第 10 章　仿人机器人复杂路面步态规划

为了使仿人机器人能够适应复杂的自然环境和人类活动场所, 运动规划是必不可少的功能。运动规划是指在多种运动学、动力学约束条件下, 通过特定优化方法生成优化特定指标的运动轨迹。不同于机械臂等固定基座形式的机器人, 以仿人机器人为代表的腿式移动机器人对稳定性要求比较高。如何生成具备动态平衡特点的运动模式, 是仿人机器人运动规划的基本要求, 也是其重点和难点。

以零力矩点 (ZMP) 为代表的动态平衡性判定指标, 广泛用于仿人机器人的运动规划[11]。由于机器人脚与地面接触是被动的, 只能通过足部以上机构的重力和惯性力及力矩来间接控制其动态平衡性。该机构整体行为可以用一个特殊的点来代表, 在该点处作用在机构所有构件上的重力、惯性力及力矩可以等效为一个合力和竖直力矩 (水平力矩为零, 一般忽略竖直力矩影响, 即认为地面摩擦力矩总是足够大以平衡竖直方向的惯性力矩, 而不至于发生偏摆), 该点就是 ZMP[4]。通过建立线性化的 ZMP 动力学模型, 并将规划问题看作控制问题, 应用经典的最优控制理论, 可以生成最优运动轨迹。

虽然 ZMP 在仿人机器人领域获得了广泛的应用, 已经成为不可或缺的基本概念。但是 ZMP 有个缺点, 不能定义在非水平地面上[11]。如果在双足支撑期, 双脚与不同的面相接触, ZMP 就失去了其定义。一方面双足支撑期对双足机器人行走的稳定性控制有重要作用; 另一方面 ZMP 的局限性制约着在复杂环境的运动规划。

为了实现复杂路面行走, 一个关键问题是如何将 ZMP 概念推广到非水平路面。文献 [12] 提出了虚拟水平面 (virtual horizontal plane, VHP) 的概念并在 VHP 上定义了虚拟 ZMP。描述 ZMP 与质心运动关系的小车–桌子模型 (cart-table model) 广泛应用于仿人机器人运动规划和控制, 由于人为设定了一个固定高度的水平面, 限制了竖直方向上的质心运动, 不利于实现更加复杂的运动[15]。所以为了便于实现复杂路面行走, 另一个问题是如何在不引入非线性的前提下, 将小车–桌子模型从平面扩展到三维空间。

本章基于以上两个问题, 将经典 ZMP 概念扩展到一般路面, 提出了一个新的稳定性指标——扩展零力矩点 (EZMP)，并构建了扩展小车–桌子模型；结合 EZMP 和扩展小车–桌子模型的概念，给出了应用预观控制进行步态规划的总体框架，以及仿人机器人在复杂路面行走的示例。

10.1　扩展零力矩点

10.1.1　经典零力矩点的局限性

零力矩点 (ZMP) 这个术语自 20 世纪 70 年代被提出后，广泛应用于足式机器人领域[4]。ZMP 定义为水平地面上一点，在该点处绕水平轴的倾覆力矩为零。ZMP 位于脚与地面接触面上并且与压力中心 (CoP) 重合。

当机器人行走在水平地面上时，ZMP 定义没有任何问题。但是，如果机器人在非水平地面上行走时，双脚有可能不在同一水平面上，ZMP 无法定义。此时需要定义虚拟 ZMP (virtual ZMP)[11]。

下面将 ZMP 的概念扩展到一般情形，涵盖经典 ZMP 难以处理的情况，例如双足支撑期，各足底平面支撑区域具有不同的法向量的情形。扩展 ZMP 概念除了定义在非水平面上之外，具有经典 ZMP 的基本特性。

10.1.2　扩展零力矩点概念

为了扩展 ZMP 概念，首先给出如下定义。

定义 10.1　虚拟接触面 (virtual contact surface, VCS)：VCS 是一个虚拟的曲面，在其上能定义一个点，重力和惯性力关于该点的合扭矩与该点处的法向量方向相反。

定义 10.2　扩展零力矩点 (extended zero moment point, EZMP)：EZMP 为 VCS 上一点，地面反作用力相对于该点的切向扭矩为零。

EZMP 与 GZMP (generalized zero moment point) 的概念相近，但是这里把 EZMP 用于更复杂的运动[13]。此外，本章系统地给出了 EZMP 的理论框架。

基于定义 10.2，推导 EZMP 动力学如下。

令 $\boldsymbol{n} = [n_x,\ n_y,\ n_z]^{\mathrm{T}}$ 和 $\boldsymbol{\tau}_p = [\tau_{px},\ \tau_{py},\ \tau_{pz}]^{\mathrm{T}}$ 分别为 VCS 在 EZMP 即 $\boldsymbol{p} = [p_x,\ p_y,\ p_z]^{\mathrm{T}}$ 处的法向量和地面反作用力在 EZMP 处的扭矩。由定义 10.2，容易推出 $\boldsymbol{n}$ 和 $\boldsymbol{\tau}_p$ 应该在同一直线上。令 $\boldsymbol{\tau}_{np} = [\tau_{npx},\ \tau_{npy},\ \tau_{npz}]^{\mathrm{T}}$ 为 $\boldsymbol{n}$ 和 $\boldsymbol{\tau}_p$ 的向量积，可得

$$\boldsymbol{\tau}_{np} = \boldsymbol{n} \times \boldsymbol{\tau}_p = \boldsymbol{0} \tag{10.1}$$

上式展开得

$$\begin{bmatrix} \tau_{npx} \\ \tau_{npy} \\ \tau_{npz} \end{bmatrix} = \begin{bmatrix} -n_z\tau_{py} + n_y\tau_{pz} \\ n_z\tau_{px} - n_x\tau_{pz} \\ -n_y\tau_{px} + n_x\tau_{py} \end{bmatrix} = \begin{bmatrix} 0 \\ 0 \\ 0 \end{bmatrix} \tag{10.2}$$

考虑到 $\boldsymbol{\tau}_p$ 也可以用多体动力学来表达:

$$\boldsymbol{\tau}_p = \dot{\boldsymbol{L}} - \boldsymbol{c} \times M\boldsymbol{g} + \left(\dot{\boldsymbol{P}} - M\boldsymbol{g}\right) \times \boldsymbol{p} \tag{10.3}$$

即

$$\begin{bmatrix} \tau_{px} \\ \tau_{py} \\ \tau_{pz} \end{bmatrix} = \begin{bmatrix} \dot{L}_x + Mgy + \dot{P}_y p_z - (\dot{P}_z + Mg)p_y \\ \dot{L}_y - Mgx - \dot{P}_x p_z + (\dot{P}_z + Mg)p_x \\ \dot{L}_z + \dot{P}_x p_y - \dot{P}_y p_x \end{bmatrix} \tag{10.4}$$

式中, $\boldsymbol{L} = [L_x,\ L_y,\ L_z]^{\mathrm{T}}$ 为关于原点 O 的角动量; $\boldsymbol{c} = [x,\ y,\ z]^{\mathrm{T}}$ 为质心位置; $\boldsymbol{P} = [P_x,\ P_y,\ P_z]^{\mathrm{T}}$ 为动量; M 为机器人的质量; $\boldsymbol{g} = [0,\ 0,\ -g]^{\mathrm{T}}$ 为重力加速度向量。

设 $\boldsymbol{L}_c = [L_{cx},\ L_{cy},\ L_{cz}]^{\mathrm{T}}$ 为关于质心 c 的角动量。关于原点 O 和质心 c 的角动量的变化率关系可用下式表示:

$$\dot{\boldsymbol{L}} = \dot{\boldsymbol{L}}_c + \begin{bmatrix} y\dot{P}_z - z\dot{P}_y \\ z\dot{P}_x - x\dot{P}_z \\ x\dot{P}_y - y\dot{P}_x \end{bmatrix} \tag{10.5}$$

将式 (10.5) 代入式 (10.4), 然后再代入式 (10.2), 可得

$$\begin{bmatrix} \dfrac{\tau_{npx}}{-n_z} \\ \dfrac{\tau_{npy}}{n_z} \\ \dfrac{\tau_{npz}}{n_z} \end{bmatrix} = \begin{bmatrix} C_x + \dot{P}_x(z - p_z) - (\dot{P}_z + Mg)(x - p_x) \\ C_y - \dot{P}_y(z - p_z) + (\dot{P}_z + Mg)(y - p_y) \\ C_z \end{bmatrix} = \begin{bmatrix} 0 \\ 0 \\ 0 \end{bmatrix} \tag{10.6}$$

式中,

$$C_x = \dot{L}_{cy} + \alpha\dot{L}_{cz} + \alpha\dot{P}_y(x - p_x) - \alpha\dot{P}_x(y - p_y) \tag{10.7a}$$

$$C_y = \dot{L}_{cx} + \beta\dot{L}_{cz} + \beta\dot{P}_y(x - p_x) - \beta\dot{P}_x(y - p_y) \tag{10.7b}$$

$$C_z = \alpha\left[\dot{L}_{cx} + (\dot{P}_z + Mg)(y - p_y) - \dot{P}_y(z - p_z)\right] - \\ \beta\left[\dot{L}_{cy} - (\dot{P}_z + Mg)(x - p_x) + \dot{P}_x(z - p_z)\right] \tag{10.7c}$$

式中, $\alpha = -n_y/n_z$, $\beta = -n_x/n_z$。

如果引入如下约束:

$$C_x = 0$$
$$C_y = 0 \tag{10.8}$$

则式 (10.6) 的前两行与经典的忽略绕质心角动量的 ZMP 方程相同[14], 写作

$$p_x = x - \frac{z - p_z}{\ddot{z} + g}\ddot{x}$$
$$p_y = y - \frac{z - p_z}{\ddot{z} + g}\ddot{y} \tag{10.9}$$

一方面, 由式 (10.8) 可得

$$\alpha \dot{L}_{cx} = \beta \dot{L}_{cy} \tag{10.10}$$

另一方面, 将式 (10.8) 代入式 (10.6) 可得

$$\dot{P}_x(z - p_z) - (\dot{P}_z + Mg)(x - p_x) = 0$$
$$\dot{P}_y(z - p_z) - (\dot{P}_z + Mg)(y - p_y) = 0 \tag{10.11}$$

将式 (10.10) 和式 (10.11) 代入式 (10.7c), 可得

$$C_z = 0 \tag{10.12}$$

这表明方程组 (10.6) 中第三个方程成为冗余约束。这意味着, 只需要加入约束方程 (10.8) 就可以得到与 ZMP 方程 (10.9) 完全相同的 EZMP 方程。约束方程 (10.8) 展开为

$$C_x = \dot{L}_{cy} + \alpha \dot{L}_{cz} + \alpha \dot{P}_y(x - p_x) - \alpha \dot{P}_x(y - p_y) = 0$$
$$C_y = \dot{L}_{cx} + \beta \dot{L}_{cz} + \beta \dot{P}_y(x - p_x) - \beta \dot{P}_x(y - p_y) = 0 \tag{10.13}$$

假设关于质心的角动量及其变化率可以忽略, 即 $\dot{\boldsymbol{L}}_c = \boldsymbol{0}$。由式 (10.13) 可得

$$\begin{cases} \alpha \dot{P}_y(x - p_x) - \alpha \dot{P}_x(y - p_y) = 0 \\ \beta \dot{P}_y(x - p_x) - \beta \dot{P}_x(y - p_y) = 0 \end{cases}$$
$$\Leftrightarrow \dot{P}_y(x - p_x) - \dot{P}_x(y - p_y) = 0 \ (\alpha \neq 0 \ \text{或} \ \beta \neq 0)$$
$$\Leftrightarrow \ddot{y}(x - p_x) - \ddot{x}(y - p_y) = 0 \tag{10.14}$$

很显然, 式 (10.9) 隐含地满足约束式 (10.14), 即式 (10.14) 成为冗余约束。

以上推导过程可归纳成如下结论。

结论 10.1 如果满足约束式 (10.8), 那么 EZMP 方程与不含绕质心角动量的 ZMP 方程 (10.9) 等价。

结论 10.2 如果 (进一步) 约束绕质心角动量为零, 那么 EZMP 方程与 ZMP 方程 (10.9) 等价。约束式 (10.8) 简化为式 (10.14), 成为冗余约束。

在上面两个结论中, 非常有趣地发现, 保持 EZMP 方程和 ZMP 方程的一致性可以通过不同层级的约束条件来实现, 添加绕质心角动量为零的约束, 从一般意义上讲过于保守, 但考虑到人类自然行走角动量一般较小, 该约束具备仿生意义。

至此, 本节推导出了 EZMP 在未确定的 VCS 上的动力学。由约束式 (10.8) [即式 (10.13)] 可以发现, 平动和转动的动力学在竖直与水平方向上存在耦合。求解这样的微分方程比较困难。幸运的是, 如果约束关于质心的角动量为零, 如结论 10.2 中所述, 式 (10.8) 变为式 (10.14), 成为冗余约束, 可以去掉。需要注意的是, 理论上, 不含角动量的 ZMP 方程是近似的, 而 EZMP 方程是完备的 (角动量通过约束进行处理)。

假设 10.1 假设关于质心的角动量为零。为方便阐述, VCS 取为一个平面, 成为虚拟接触平面 (virtual contact plane, VCP)。如图 10.1 所示, 在单足支撑期, 该平面 $(p_1 - p_2 - p_1')$ 通过支撑脚和摆动脚在抬脚与触地时接触区域的中心 (p_2、p_1 和 p_1')。双足支撑期和下一个单足支撑期的 VCP 相同。在飞行期 (如果存在), EZMP 不存在且 VCP 无法定义。

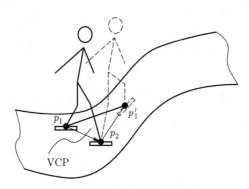

图 10.1 虚拟接触平面定义

通过假设 10.1, EZMP 轨迹的规划变得比较简单。如果假设角动量为零, 该模型中 EZMP 满足地面反作用力产生的力矩与虚拟平面垂直的关系。优点是 EZMP 的设计较为简单、直观, 不需要确定一些物理意义模糊的参数值, VCS 的选择不一定是平面, 通过改变 VCS 的形状可以用来约束质心运动。而且通过约束方程 (10.8), 可以设计基于动量的步态稳定器。

如上所述, 出于算法效率考虑, 通过约束绕质心角动量为零去掉了约束式 (10.8), 但模型方程式 (10.9) 仍然是非线性的。下面将对模型方程式 (10.9) 加入另一个约束, 以允许质心在竖直方向运动的同时使得 3 个坐标轴方向的运动互相独立, 从而得到一个线性的三维模型。

10.1.3 扩展小车-桌子模型

双足机器人的动力学可以表示为质心的动力学和绕质心的转动动力学之和, 如图 10.2(a) 所示。图中, c 为质心, p 为 VCP 上的 EZMP。$\boldsymbol{L}_c$ 为机器人关于质心 c 的角动量。M 为机器人总质量, $\boldsymbol{g}$ 为重力加速度向量。在 p 处的合力矩 $\boldsymbol{\tau}$ 垂直于 VCP。如果绕质心的角动量变化率 $\dot{\boldsymbol{L}}_c$ 为零 (方便起见, 将绕质心的角动量设置为零), 如图 10.2(b), 计算得到的 EZMP 从 p 移动到 p', 地面反作用力 $\boldsymbol{F}'$ 从 p' 指向质心 c。在这个条件下, 地面反作用力在 p' 处产生的力矩 $\boldsymbol{\tau}'$ 近似垂直于 VCP, 动力学方程为式 (10.9)。

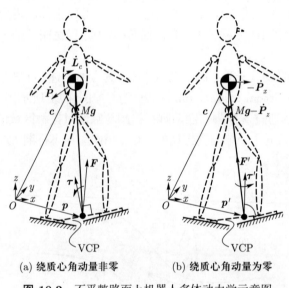

(a) 绕质心角动量非零　　　(b) 绕质心角动量为零

图 10.2 不平整路面上机器人多体动力学示意图

从仿生学角度讲, 人体绕质心的角动量在平地自然行走时是很小的[3]。假设对于非水平地面的行走, 绕质心角动量也可以忽略。这里 "忽略" 是指约束其为零, 而不是不加考虑。在这个条件下 [或更一般的条件下, 即约束式 (10.8)], 如前面所证明, EZMP 方程和 ZMP 方程 (10.9) 相同。

假设质心高度固定, 式 (10.9) 则变为文献 [15] 中的小车-桌子模型, 不过此处是在 EZMP 定义框架之下。为了能允许质心在竖直方向的运动, 此处选择更一般的约束:

$$\frac{z - p_z}{\ddot{z} + g} = c \tag{10.15}$$

或

$$p_z + cg = z - c\ddot{z} \tag{10.16}$$

式中, c 为常数。

将式 (10.15) 代入式 (10.9), 结合式 (10.16), 可得

$$p_x = x - c\ddot{x} \tag{10.17a}$$
$$p_y = y - c\ddot{y} \tag{10.17b}$$
$$p_z^{\text{aux}} = z - c\ddot{z} \tag{10.17c}$$

式中, $p_z^{\text{aux}} = p_z + cg$。

式 (10.17a) 和式 (10.17b) 与小车–桌子模型相同, 式 (10.17c) 起运动约束的作用。这样, 方程组 (10.17) 成为小车–桌子模型向 EZMP 以及三维空间的自然扩展, 称为扩展小车–桌子模型 (extended cart-table model)。非常有趣的是, 式 (10.17c) 与式 (10.17a) 和式 (10.17b) 有相同的线性形式, 这意味着所有适用于小车–桌子模型的运动规划或控制方法同样也适用于扩展小车–桌子模型。在这里, 我们尤其对使用预观控制的步态规划感兴趣。一旦给定 EZMP 轨迹 $\boldsymbol{p} = [p_x,\ p_y,\ p_z^{\text{aux}}]^{\text{T}}$, 可以对方程组 (10.17) 的 3 个微分方程同时使用预观控制。只要式 (10.17c) 中的 p_z^{aux} 跟踪得足够精确, 就能满足约束式 (10.15)。那么式 (10.17a) 和式 (10.17b) 描述的质心水平运动与小车–桌子模型相同。

10.2 复杂路面环境运动规划

10.2.1 基于三重预观控制的步态生成

大多数基于倒立摆模型 (inverted pendulum model) 的运动规划不能实时改变 ZMP。文献 [15] 提出预观控制来解决这个问题。在规划复杂路面的运动时, 使用扩展小车–桌子模型。以纵垂面 (sagittal plane) 上的运动规划为例, 连续时间的状态空间模型如下:

$$\frac{\mathrm{d}}{\mathrm{d}t}\begin{bmatrix} x \\ \dot{x} \\ \ddot{x} \end{bmatrix} = \begin{bmatrix} 0 & 1 & 0 \\ 0 & 0 & 1 \\ 0 & 0 & 0 \end{bmatrix}\begin{bmatrix} x \\ \dot{x} \\ \ddot{x} \end{bmatrix} + \begin{bmatrix} 0 \\ 0 \\ 1 \end{bmatrix} u_c$$
$$p_x = \begin{bmatrix} 1 & 0 & -c \end{bmatrix}\begin{bmatrix} x \\ \dot{x} \\ \ddot{x} \end{bmatrix} \tag{10.18}$$

式中, $u_c = \dddot{x}$ 为质心加速度的变化率, 作为系统输入。

方程 (10.18) 经过离散化, 可得

$$q(k+1) = Aq(k) + Bu(k)$$
$$r(k) = Cq(k) \tag{10.19}$$

式中,

$$q(k) = [x(kT) \quad \dot{x}(kT) \quad \ddot{x}(kT)]^{\mathrm{T}}$$

$$u(k) = u_c(kT)$$

$$r(k) = p_x(kT)$$

$$A = \begin{bmatrix} 1 & T & T^2/2 \\ 0 & 1 & T \\ 0 & 0 & 1 \end{bmatrix}, \quad B = \begin{bmatrix} T^3/6 \\ T^2/2 \\ T \end{bmatrix}, \quad C = \begin{bmatrix} 1 & 0 & -c \end{bmatrix}$$

式中, T 为采样时间。

根据预观控制理论, 最优化性能指标如下:

$$J = \sum_{i=k}^{+\infty} Q_e \left[r^{\mathrm{ref}}(i) - r(i) \right]^2 + \Delta q^{\mathrm{T}}(i) Q_x \Delta q(i) + R \Delta u(i) \tag{10.20}$$

式中, Q_e、Q_x 和 R 为非负定矩阵; $\Delta q(k) = q(k) - q(k-1)$ 为增量状态向量; $\Delta u(k) = u(k) - u(k-1)$ 为输入变量增量。

预观时间为 n_p 的最优控制器为[15]

$$u(k) = -k_e \sum_{i=0}^{k} \left[r(i) - r^{\mathrm{ref}}(i) \right] - k_x q(\mathrm{k}) - \sum_{i=1}^{n_p} k_f(i) r^{\mathrm{ref}}(k+i) \tag{10.21}$$

式中, k_e、k_x 和 k_f 为增益矩阵, 由 Q_e、Q_x 和 R 通过预观控制理论计算得出[16]。

用同样的方式, 可以得到 y 和 z 方向的预观控制器。3 个预观控制器同时用于 x、y 和 z 方向。本书将这 3 个控制器统称为三重预观控制器 (triple preview controller)。应该注意, 对于 z 方向的控制器, 使用 $p_z^{\mathrm{aux}} = p_z + cg$ 而不是 p_z 作为参考轨迹。

10.2.2　复杂路面的步态生成方法

在本节中, 基于 EZMP 和扩展小车–桌子模型, 将给出应用预观控制生成复杂非平整路面行走步态的整体框架。

为了规划机器人行走运动, 需要指定空间步态参数 (步长、步宽和脚离地高度) 以及时间步态参数 (步行周期、单足支撑期和双足支撑期长度)。落脚点位置和

时间可以相应计算出来。为了判定稳定性, 定义虚拟支撑多边形 (virtual support polygon, VSP) 为包含支撑脚在 VCP 上投影的凸包 (convex hull)。对于单足支撑期, 按照最大稳定裕度的原则规划 EZMP, 即 EZMP 位于 VSP 的中心。对于双足支撑期, 给定初始和末端边界条件, 通过差值方法生成 EZMP。EZMP 约束在 VSP 以内。双足轨迹通过样条插值方法生成, 考虑落脚点和落脚时间等条件。另外在计算足运动轨迹时, 避障问题也需要考虑。当设计好 EZMP 以及双足轨迹之后, 质心运动轨迹由预观控制即式 (10.21) (y 和 z 方向类似) 应用于扩展小车–桌子模型即式 (10.17)。关节角度通过逆运动学计算得出, 并发送给机器人来执行。

1. 轨迹插值器

在本章中, 许多轨迹是通过插值来生成的。插值器的构建是非常重要的。构造函数 robo_interp(dt, foot) 用于位置和姿态轨迹规划。其中, dt 为采样时间; foot 为一个结构体变量, 包含足的初始和末端位姿的边界条件以及在中间某时间点设定的约束点。该函数调用了 MATLAB 内置函数 interp1 对空间运动轨迹进行基本的线性或样条插值。另外函数 robo_interp(dt, foot) 调用子函数 R_interp($\boldsymbol{R}_1, \boldsymbol{R}_2, N$) 进行姿态插值, 该子函数使用 Rodrigues 公式计算旋转矩阵, 该旋转矩阵为轴矢量与绕轴矢量转角的乘积 $\widehat{a}\theta$ 的指数函数[17]。通过对 N 个中间角度进行插值, 可以产生一系列连续变化的机器人姿态。足的位置轨迹采用样条插值, EZMP 轨迹采用线性插值。足和躯干的姿态轨迹采用线性插值方法。

2. 足姿态的定义

为了以比较直观的方式规划姿态轨迹, 足姿态由足底面的法向量和足底指向足尖的中线向量来定义, 如图 10.3 所示。坐标系 $O' - x'y'z'$ 平行于世界坐标系, 中线初始方向与世界坐标系 x 轴重合。中线的方向决定了足的姿态方向且通常与行走方向有关。对于支撑脚, 足底面的法向量与接触地面的法向量一致。足姿态通过函

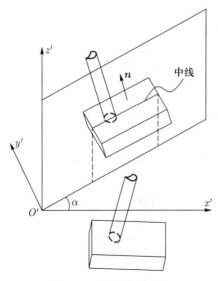

图 10.3 足方向的确定

数 foot_orient$(\boldsymbol{n}, a)$ 来计算。其中, $\boldsymbol{n} = [n_x,\ n_y,\ n_z]^{\mathrm{T}}$ 为足底法向量, α 为通过足底中线的纵垂面与世界坐标系的 $xOz\ (x'O'z')$ 平面的夹角。欧拉角计算如下:

$$
\begin{aligned}
\theta_z &= \alpha \\
\theta_y &= \arctan \frac{n_x c_z + n_y s_z}{n_z} \\
\theta_x &= \arcsin(n_x s_z - n_y c_z)
\end{aligned}
\tag{10.22}
$$

式中, 下标 x、y 和 z 分别对应 3 个轴向; c_z 和 s_z 为两个三角函数, 定义如下

$$
c_z = \cos \theta_z, \quad s_z = \sin \theta_z \tag{10.23}
$$

旋转矩阵可以通过欧拉角进行计算:

$$
\boldsymbol{R}_x = \begin{bmatrix} 1 & 0 & 0 \\ 0 & \cos\theta_x & -\sin\theta_x \\ 0 & \sin\theta_x & \cos\theta_x \end{bmatrix}
$$

$$
\boldsymbol{R}_y = \begin{bmatrix} \cos\theta_y & 0 & \sin\theta_y \\ 0 & 1 & 0 \\ -\sin\theta_y & 0 & \cos\theta_y \end{bmatrix}
$$

$$
\boldsymbol{R}_z = \begin{bmatrix} \cos\theta_z & -\sin\theta_z & 0 \\ \sin\theta_z & \cos\theta_z & 0 \\ 0 & 0 & 1 \end{bmatrix}
$$

3. 足轨迹规划

首先给出基本的步态参数: 双足支撑时间 T_d, 单足支撑时间 T_s, 足位置增量 $\boldsymbol{s} = [s_x,\ s_y,\ s_z]^{\mathrm{T}}$ 和足方向角增量 $\mathrm{d}a$。其中足位置增量 $\boldsymbol{s}$ 定义为同一只脚的位置变化 (与步长的定义相对应)。本章中 $\boldsymbol{s}$ 对每一只脚是单独定义的, 尽管很多时候双足取同样的 $\boldsymbol{s}$ 值。基于这些步态参数以及路面形状或障碍物分布来规划双足轨迹。以初始和末端边界条件以及中间点的约束作为插值关键点, 引导插值曲线走向, 使足避开障碍物并以合适的姿态落在正确的位置。双足轨迹由分段三次样条曲线插值生成, 并考虑位姿 (或速度) 的约束。事实上, 足运动轨迹一般对机器人稳定性影响不大。多数情况下, 足的运动轨迹也可以使用线性插值生成, 以减小运算负担。

足的轨迹规划由函数 FootPlanner(i) 完成, 该函数调用一个子函数 FootScript 来配置基本行走参数和位姿及速度约束。其中 i 为行走步数编号。

4. EZMP 轨迹规划

10.1.2 节中证明了在约束式 (10.8) 的条件下, EZMP 遵循与 ZMP 同样的方程

式 (10.9)。而且，假设关于质心的角动量为零的条件下，VCS 选为 VCP。应该强调的是，EZMP 可以定义在非水平地面，而 ZMP 不可以。在假设 10.1 中，假设 VCP 为通过支撑脚和摆动脚在离地与触地时接触区域中心的平面。目标 EZMP 轨迹在 VCP 之内。

在单足支撑期，选择目标 EZMP 为支撑脚与地面的接触中心。在双足支撑期，EZMP 轨迹通过在双足与地面接触中心之间进行插值来设计。

另外需要注意，在规划和测量 EZMP 时，VCP 的定义应该保持一致。

10.2.3　应用预观控制生成质心轨迹

规划 EZMP 轨迹之后，将预观控制即式 (10.21) 应用于扩展小车–桌子模型即式 (10.17)。在 z 方向，使用辅助变量 p_z^{aux} 而不是 EZMP p_z 作为参考输入。考虑到需要预观 EZMP 的未来信息，使用缓存变量 fifo 来存储预观时间 T_p 内的 EZMP 轨迹。在每一时刻，对系统状态 $\boldsymbol{x} = [x, \dot{x}, \ddot{x}]^{\mathrm{T}}$（以及在 y 和 z 方向的对应变量）进行采样并存储，作为步态规划结果。

10.2.4　扩展零力矩点测量方法

虽然 EZMP 定义在虚拟的 VCP 上，但是一般需要通过安装在机器人脚底或踝关节处的力传感器进行测量。和前面提到的 EZMP 的规划一样，EZMP 在测量时需要满足定义 10.2 和假设 10.1。

令 $\boldsymbol{f}_i^{\text{loc}} = [f_{ix}^{\text{loc}}, f_{iy}^{\text{loc}}, 0]^{\mathrm{T}}$ 和 $\boldsymbol{N}_i^{\text{loc}} = [0, 0, N_i^{\text{loc}}]^{\mathrm{T}}$ 分别为作用在脚 i 的摩擦力和正压力（$i = 1, 2$，分别代表左脚和右脚；上标 loc 表示局部坐标系）。

令 $\boldsymbol{F}_i = [F_{ix}, F_{iy}, F_{iz}]^{\mathrm{T}} = \boldsymbol{R}_i^{\mathrm{T}}\left(\boldsymbol{f}_i^{\text{loc}} + \boldsymbol{N}_i^{\text{loc}}\right)$ 为作用在每只脚压力中心 p_i 的地面反作用力，在世界坐标系中进行描述。此后约定，凡是没有 loc 角标的量都默认定义在世界坐标系中。令 $\boldsymbol{F} = [F_x, F_y, F_z]^{\mathrm{T}} = \boldsymbol{F}_1 + \boldsymbol{F}_2$ 和 $\boldsymbol{\tau}_p = [\tau_{px}, \tau_{py}, \tau_{pz}]^{\mathrm{T}}$ 分别为地面反作用力及其作用在 EZMP 点 $\boldsymbol{p} = [p_x, p_y, p_z]^{\mathrm{T}}$ 处的转矩。

直接得下式

$$\begin{aligned}\boldsymbol{\tau}_p &= (\boldsymbol{p} - \boldsymbol{p}_1) \times \boldsymbol{F}_1 + (\boldsymbol{p} - \boldsymbol{p}_2) \times \boldsymbol{F}_2 \\ &= \boldsymbol{p} \times \boldsymbol{F} - (\boldsymbol{p}_1 \times \boldsymbol{F}_1 + \boldsymbol{p}_2 \times \boldsymbol{F}_2)\end{aligned} \tag{10.24}$$

即

$$\widehat{\boldsymbol{F}}\boldsymbol{p} = \widehat{\boldsymbol{F}}_1\boldsymbol{p}_1 + \widehat{\boldsymbol{F}}_2\boldsymbol{p}_2 - \boldsymbol{\tau}_p \tag{10.25}$$

式中，$\widehat{\boldsymbol{F}}$ 为表示 $\boldsymbol{F}\times$ 操作的矩阵，$\times$ 表示向量积，$\widehat{\boldsymbol{F}}_i$（$i = 1, 2$）按类似方式定义，如下

$$\widehat{\boldsymbol{F}} = \begin{bmatrix} 0 & -F_z & F_y \\ F_z & 0 & -F_x \\ -F_y & F_x & 0 \end{bmatrix}, \quad \widehat{\boldsymbol{F}_i} = \begin{bmatrix} 0 & -F_{iz} & F_{iy} \\ F_{iz} & 0 & -F_{ix} \\ -F_{iy} & F_{ix} & 0 \end{bmatrix}$$

对式 (10.25) 左乘以矩阵算子 $\boldsymbol{T}_{\text{proj}}$, 将式 (10.25) 投影到 VCP:

$$\boldsymbol{T}_{\text{proj}}\widehat{\boldsymbol{F}}\boldsymbol{p} = \boldsymbol{T}_{\text{proj}}\widehat{\boldsymbol{F}_1}\boldsymbol{p}_1 + \boldsymbol{T}_{\text{proj}}\widehat{\boldsymbol{F}_2}\boldsymbol{p}_2 - \boldsymbol{T}_{\text{proj}}\boldsymbol{\tau}_p$$
$$\Rightarrow \widehat{\boldsymbol{F}}'\boldsymbol{p} = \widehat{\boldsymbol{F}_1}'\boldsymbol{p}_1 + \widehat{\boldsymbol{F}_2}'\boldsymbol{p}_2 - \boldsymbol{\tau}_p' \tag{10.26}$$

式中, $\boldsymbol{T}_{\text{proj}} = \boldsymbol{E} - \boldsymbol{n}\boldsymbol{n}^{\text{T}}$ ($\boldsymbol{E}$ 为 3×3 单位矩阵)。$\widehat{\boldsymbol{F}}'$、$\widehat{\boldsymbol{F}_1}'$、$\widehat{\boldsymbol{F}_2}'$ 和 $\boldsymbol{\tau}_p'$ 为投影后的各矩阵或向量。

令式 (10.26) 中 $\boldsymbol{\tau}_p'$ 的前两行等于零, 可得

$$\boldsymbol{\Gamma}\boldsymbol{p} = \boldsymbol{\Gamma}_1\boldsymbol{p}_1 + \boldsymbol{\Gamma}_2\boldsymbol{p}_2 \tag{10.27}$$

式中, $\boldsymbol{\Gamma}$ 和 $\boldsymbol{\Gamma}_i$ $(i = 1, 2)$ 分别为包含 $\widehat{\boldsymbol{F}}'$ 和 $\widehat{\boldsymbol{F}_i}'$ 前两行的子矩阵。

另外, 考虑到 EZMP 位于 VCP 上, 以下公式成立:

$$\boldsymbol{n} \cdot (\boldsymbol{p} - \boldsymbol{r}_1) = 0 \tag{10.28}$$

即

$$\boldsymbol{n}^{\text{T}}\boldsymbol{p} = \boldsymbol{n}^{\text{T}}\boldsymbol{r}_1 \tag{10.29}$$

式中, $\boldsymbol{n}$ 为 VCP 的法向量, 符号 "·" 表示内积。VCP 经过左、右脚与地面接触区域的中心 (中心位置向量分别为 $\boldsymbol{r}_1$ 和 $\boldsymbol{r}_2$)。

合并式 (10.27) 和式 (10.29), 得

$$\boldsymbol{\Psi}\boldsymbol{p} = \boldsymbol{Z} \tag{10.30}$$

式中,

$$\boldsymbol{\Psi} = \begin{bmatrix} \boldsymbol{\Gamma} \\ \boldsymbol{n}^{\text{T}} \end{bmatrix}, \quad \boldsymbol{Z} = \begin{bmatrix} \boldsymbol{\Gamma}_1\boldsymbol{p}_1 + \boldsymbol{\Gamma}_2\boldsymbol{p}_2 \\ \boldsymbol{n}^{\text{T}}\boldsymbol{r}_1 \end{bmatrix}$$

可以证明, 矩阵 $\boldsymbol{\Psi}$ 的秩 $\text{rank}(\boldsymbol{\Psi}) = 3$, 当且仅当 $\boldsymbol{F} \cdot \boldsymbol{n} = |\boldsymbol{F}||\boldsymbol{n}|\cos\theta \neq 0$ (即 $\boldsymbol{F}$ 不在 VCP 中, 绝大多数情况下该条件都满足)。

如果 $\boldsymbol{F}$ 不在 VCP 中, 存在唯一解, 如下:

$$\tilde{\boldsymbol{p}} = \boldsymbol{\Psi}^{-1}\boldsymbol{Z} \tag{10.31}$$

否则, 矩阵 $\boldsymbol{\Psi}$ 不可逆, $\boldsymbol{p}$ 可以取任意值。

另外, 摩擦力 $\boldsymbol{f}_i^{\mathrm{loc}}$ 可由定义在局部坐标系的踝关节转矩 $\boldsymbol{\tau}_{\mathrm{ank},i}^{\mathrm{loc}}$ 和脚底所受压力 $\boldsymbol{N}_i^{\mathrm{loc}}$ 的测量值计算得出, 大多数机器人都能提供这样或类似的信息。令 $\boldsymbol{p}_i^{\mathrm{loc}}$ ($i = 1, 2$) 为脚 i 的压力中心 (CoP) 位置向量, 则下式成立:

$$
\begin{aligned}
\boldsymbol{\tau}_{\mathrm{ank},i}^{\mathrm{loc}} &= -\boldsymbol{p}_i^{\mathrm{loc}} \times \boldsymbol{N}_i^{\mathrm{loc}} - \boldsymbol{p}_i^{\mathrm{loc}} \times \boldsymbol{f}_i^{\mathrm{loc}} \\
\Rightarrow \boldsymbol{p}_i^{\mathrm{loc}} \times \boldsymbol{f}_i^{\mathrm{loc}} &= -\boldsymbol{p}_i^{\mathrm{loc}} \times \boldsymbol{N}_i^{\mathrm{loc}} - \boldsymbol{\tau}_{\mathrm{ank},i}^{\mathrm{loc}} \\
\Rightarrow \hat{\boldsymbol{p}}_i^{\mathrm{loc}} \boldsymbol{f}_i^{\mathrm{loc}} &= \boldsymbol{b}_i^{\mathrm{loc}} \left(\text{with } \boldsymbol{b}_i^{\mathrm{loc}} = -\boldsymbol{p}_i^{\mathrm{loc}} \times \boldsymbol{N}_i^{\mathrm{loc}} - \boldsymbol{\tau}_{\mathrm{ank},i}^{\mathrm{loc}} \right)
\end{aligned}
\tag{10.32}
$$

式中, $\hat{\boldsymbol{p}}_i^{\mathrm{loc}}$ 为等效于 $\boldsymbol{p}_i^{\mathrm{loc}} \times$ 操作的矩阵 (与 $\widehat{\boldsymbol{F}}$ 的定义类似)。令 $\boldsymbol{D}_i^{\mathrm{loc}}$ 和 $\boldsymbol{d}_i^{\mathrm{loc}}$ 分别代表由 $\hat{\boldsymbol{p}}_i^{\mathrm{loc}}$ 和 $\boldsymbol{b}_i^{\mathrm{loc}}$ 前两行和前两列组成的子矩阵。那么在局部坐标系中表达的摩擦力 $\boldsymbol{f}_i^{\mathrm{loc}}$ 可求解如下

$$
\boldsymbol{f}_i^{\mathrm{loc}} = \begin{bmatrix} \left(\boldsymbol{D}_i^{\mathrm{loc}}\right)^{-1} \boldsymbol{d}_i^{\mathrm{loc}} \\ 0 \end{bmatrix}
\tag{10.33}
$$

容易证明, 当 $\boldsymbol{p}_i^{\mathrm{loc}}$ 的 z 分量不为零 (踝关节到脚底距离不为零, 一般情况下满足) 时, $\boldsymbol{D}_i^{\mathrm{loc}}$ 可逆。

10.2.5 基于扩展零力矩点的全身运动规划

本章将绕质心的角动量目标设置为零。这种设计模仿人类在站立、行走、奔跑等自然运动时对角动量的近零调节[18]。在基于线性模型及预观控制进行运动规划时, 为保证机器人行走时满足绕质心角动量为零的约束, 将结合分解动量控制来生成实现目标 EZMP 以及角动量的全身运动模式, 该方法在保证动态平衡的同时还可以满足机器人的四肢运动约束, 便于执行稳定行走之外的其他有用任务。所采用方案主要包括基于预观控制的质心运动生成器和基于分解动量的控制器。将预观控制用于 EZMP 的线性化模型, 生成质心的加速度轨迹。分解动量控制根据质心运动生成器规划的线性运动来计算基座的位姿轨迹[19]。通过雅可比矩阵可以将基座运动轨迹映射到机器人关节空间。

1. 应用分解动量控制

在 EZMP 的非线性方程中, 质心运动和角动量是互相耦合的。规划关节角度轨迹时, 机器人的质心运动和绕质心的旋转运动需要同时考虑。相对完全基于线性模型而并未考虑角动量约束的运动生成方法, 该方法由于考虑了机器人 EZMP 的动力学方程和约束条件, 生成的运动轨迹具有更小的目标跟踪误差。尽管该方法运算过程更复杂, 但考虑目前硬件配置, 足以满足实时性或准实时性要求。该方法提高了运动规划的准确性和灵活性, 而且比基于搜索的非线性最优化方法效率更高。

Kajita 等提出的分解角动量控制将机器人的动量和角动量以及关节空间运动

结合在一起[19]。该方法可以很方便地生成满足目标动量或角动量的全身运动, 另外该方法考虑了环境或任务对机器人足或手的约束, 控制比较灵活。下面将使用该方法来实现目标动量和角动量。动量 $\boldsymbol{P}$ 和绕质心角动量 $\boldsymbol{L}_c$ 可以用机器人基座和关节空间速度表示为

$$\begin{bmatrix} \boldsymbol{P} \\ \boldsymbol{L}_c \end{bmatrix} = \sum_{i=1}^{5} \begin{bmatrix} \boldsymbol{M}_{oi}^v & \boldsymbol{M}_{oi}^\omega \\ \boldsymbol{H}_{oi}^v & \boldsymbol{H}_{oi}^\omega \end{bmatrix} \boldsymbol{\xi}_B + \sum_{i=1}^{5} \begin{bmatrix} \boldsymbol{M}_{\dot{q}_i} \\ \boldsymbol{H}_{\dot{q}_i} \end{bmatrix} \dot{\boldsymbol{q}}_i \tag{10.34}$$

式中, $\boldsymbol{M}_{oi}^v$、$\boldsymbol{M}_{oi}^\omega$ 和 $\boldsymbol{H}_{oi}^v$、$\boldsymbol{H}_{oi}^\omega$ 为惯性矩阵。上标 v 和 ω 分别对应速度和角速度。$\boldsymbol{M}$ 和 $\boldsymbol{H}$ 分别对应动量和角动量。下标 $i = 1, 2, \cdots, 5$ 分别代表左臂、头部、右臂、左腿和右腿。空间速度 $\boldsymbol{\xi}_B$ 定义为

$$\boldsymbol{\xi}_B = \begin{bmatrix} \boldsymbol{v}_B \\ \boldsymbol{\omega}_B \end{bmatrix} \tag{10.35}$$

式中包含了机器人基座的速度 $\boldsymbol{v}_B$ 和角速度 $\boldsymbol{\omega}_B$。

另外, 给定基座空间速度 $\boldsymbol{\xi}_B$ 和肢体末端速度 $\boldsymbol{\xi}_i$, 可以通过雅可比矩阵得出关节空间角速度:

$$\dot{\boldsymbol{q}}_i = \boldsymbol{J}_i^{-1} \boldsymbol{\xi}_i^{\text{ref}} - \boldsymbol{J}_i^{-1} \begin{bmatrix} \boldsymbol{E} & -\hat{\boldsymbol{r}}_{B-i} \\ \boldsymbol{0} & \boldsymbol{E} \end{bmatrix} \boldsymbol{\xi}_B \tag{10.36}$$

式中, $\boldsymbol{J}_i$ 为对应各个肢体的雅可比矩阵; $\boldsymbol{r}_{B-i}$ 为从基座坐标原点指向第 i 个肢体的向量; $\hat{\boldsymbol{p}}$ 为对应 $\boldsymbol{p}\times$ 运算的矩阵。

假设目标角动量和各肢体末端速度已经给定, 目标动量已由预观控制计算得出, 将式 (10.36) 代入式 (10.34), 基座空间速度 $\boldsymbol{\xi}_B$ 可以通过分解动量控制得出:

$$\boldsymbol{\xi}_B = \boldsymbol{A}_B^\dagger \boldsymbol{y} \tag{10.37}$$

式中,

$$\boldsymbol{A}_B = \sum_{i=1}^{5} \begin{bmatrix} \boldsymbol{M}_{oi}^v & \boldsymbol{M}_{oi}^\omega \\ \boldsymbol{H}_{oi}^v & \boldsymbol{H}_{oi}^\omega \end{bmatrix} - \sum_{i=1}^{5} \begin{bmatrix} \boldsymbol{M}_{\dot{q}_i} \\ \boldsymbol{H}_{\dot{q}_i} \end{bmatrix} \boldsymbol{J}_i^{-1} \begin{bmatrix} \boldsymbol{E} & -\hat{\boldsymbol{r}}_{Bi} \\ \boldsymbol{0} & \boldsymbol{E} \end{bmatrix}$$

$$\boldsymbol{y} = \begin{bmatrix} \boldsymbol{P}^{\text{ref}} \\ \boldsymbol{L}_c^{\text{ref}} \end{bmatrix} - \sum_{i=1}^{5} \begin{bmatrix} \boldsymbol{M}_{\dot{q}_i} \\ \boldsymbol{H}_{\dot{q}_i} \end{bmatrix} \boldsymbol{J}_i^{-1} \boldsymbol{\xi}_i^{\text{ref}} \tag{10.38}$$

上标 ref 表示给定的参考值 (或根据参考值得到的计算值); 上标 † 表示伪逆操作符。

2. 设定动量和角动量的参考轨迹

考虑到绕质心角动量为零时, EZMP 方程为式 (10.17), 给定 EZMP 参考值, 质心运动轨迹或动量轨迹由预观控制计算得出。故机器人动量和角动量轨迹可以给

定如下:

$$\begin{bmatrix} \boldsymbol{P}^{\mathrm{ref}} \\ \boldsymbol{L}_c^{\mathrm{ref}} \end{bmatrix} = \begin{bmatrix} M\dot{\boldsymbol{x}}^{\mathrm{ref}} \\ \boldsymbol{0} \end{bmatrix} \tag{10.39}$$

式中, $\dot{\boldsymbol{x}}^{\mathrm{ref}}$ 可应用预观控制器即式 (10.21) 得到。

上式中第一个等式设定了目标动量, 该目标值或对应的质心速度依赖于目标 EZMP; 第二个等式满足模型式 (10.17) 的零动量假设, 在这种情况下, 非线性模型 简化为式 (10.17)。

3. 全身运动规划方案

该运动规划方法包含两个部分: 线性动量生成和全身运动生成。在线性动量 生成部分, 应用预观控制来生成满足目标 EZMP 的质心运动并计算对应的目标动 量。在全身运动生成部分, 角动量设为零, 应用分解动量控制来实现目标角动量以 及 (对应目标 EZMP 的) 目标动量, 并通过雅可比矩阵将机器人的任务空间运动映 射到每个关节空间。

首先, 给定机器人的空间行走参数 (步长、步宽、步高、摆腿高度, 此处步高定 义为落脚点高度变化) 以及时间行走参数 (步行周期、双足支撑期或摆腿期的占空 比); 进而, 落脚点位置和时间可以相应计算得到; 然后, 目标 EZMP 通过落脚点和 步行参数进行插值计算得到; 接着, 质心运动以及动量由预观控制生成; 最后, 给定 目标角动量和肢体末端目标运动, 通过分解动量控制计算基座的运动轨迹, 并通过 雅可比矩阵将其映射到各个关节空间。这样, 所生成的运动模式不但满足了角动量 约束和动态平衡要求, 而且实现了肢体运动目标。

10.2.6 复杂环境行走的仿真实验及结果分析

本节针对所提出的运动规划方法进行仿真验证, 所使用的仿真软件为 Webots7.4[20]。使用 Webots 中的 Atlas 机器人模型, 如图 10.4 所示。所有参数 按照实物机器人的真实参数进行配置。

机器人每个脚的脚底配有 4 个压力传感器。每个关节含有力传感器和位置传 感器。踝关节的力矩信息用于计算脚底摩擦力。根据计算的摩擦力以及测量的脚底 压力来计算 EZMP。仿真运行的计算机配置为 Intel Core i7 CPU, 主频 2.67 GHz, 内存 8 GB。算法通过 MATLAB R2010 软件进行编程, 通过 Webots 软件实时调 用。假设已经精确知道地面形状。采样时间为 20 ms, 预观时间长度为 2 s。扩展小 车-桌子模型中的约束常数 $c = 0.285\ 1\ \mathrm{s}^2$。步长和步宽分别为 0.36 m 和 0.2 m。摆 动脚最大离地高度根据障碍物的高度以及目标落地位置来确定。步行周期为 2.4 s, 双足支撑时间和单足摆腿时间分别占步行周期的 1/3 和 2/3。

结合 EZMP 概念和扩展小车-桌子模型, 应用预观控制进行步态规划的一般 步骤如下:

图 10.4　Webots 仿真环境中的 Atlas 机器人

初始化

计算预观控制器增益;

设置质心、EZMP、躯干位置等初始条件;

更新缓存 fifo;

Step i=0; Time k=0;

for Step i=:+1

　　规划双足轨迹; 规划 EZMP 轨迹;

　　for Time k=:+1

　　　　测量 FSR 压力信号, 关节角度和踝关节转矩;

　　　　计算 EZMP; 执行预观控制; 执行行走稳定控制器;

　　　　由逆运动学计算关节角度目标值;

　　　　计算 EZMP 跟踪误差;

　　　　关节作动器执行角度命令;

　　end

　end

　　由于在规划机器人步态时假设绕质心角动量为零, 如果不控制角动量, 建模误差会影响行走稳定性。因此有必要设计步行稳定器[21,22]。通过 ZMP 以及质心位置和速度来调节质心加速度, 控制器 (x 方向) 如下

$$\ddot{x} = \ddot{x}^d - k_1\left(p - p^d\right) - k_2\left(x - x^d\right) - k_3\left(\dot{x} - \dot{x}^d\right) \tag{10.40}$$

式中, $\ddot{x}^d$ 为预观控制生成的参考质心加速度; k_1、k_2 和 k_3 为控制器增益, 通过实

验确定。y 和 z 方向的控制器形式类似, 但参数取值不同。通过实验确定 z 方向控制器增益为 $k_1 = 1.95$、$k_2 = -0.000\,975$ 和 $k_3 = -0.009\,75$, x 和 y 方向的控制器增益为 $k_1 = 1.95$、$k_2 = -0.975$ 和 $k_3 = -1.95$。

如图 10.5 所示, 机器人行走的路面按不同角度摆放了许多带有斜面的石头, 斜面最大倾角为 15°。石头的高度 (斜面形心到地面高度) 从 0.12 m 到 0.32 m 不等, 摆放方向 (相对前进方向) 在 ±15° 之间。规划双足运动时, 为保证接触面积, 令双足方向沿着石头斜面的长边方向与斜面平行。

规划的双足轨迹 (绿色) 和 EZMP 轨迹 (黑色) 如图 10.6 所示。由 EZMP 和边线围成的三角形所组成的深灰色区域为 VCP。浅灰色的六边形区域为 VSP。EZMP 理论上在 VCP 上且包含在 VSP 内。

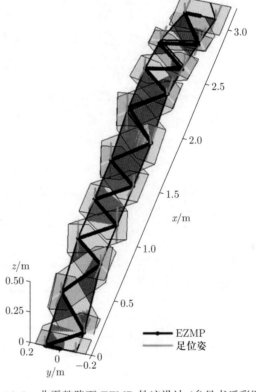

图 10.5 复杂非平整路面 **图 10.6** 非平整路面 EZMP 轨迹设计 (参见书后彩图)

EZMP 目标值和测量值如图 10.7(a) 所示。可见各个方向 EZMP 整体的跟踪误差很小, 但是在 10.8 s 和 15.1 s [对应三维图 10.7(b) 中 $x = 1.4$ m 和 2 m] 处出现了较大误差。如图 10.8 所示, 在 10.8 s 和 15.1 s 处, 矩阵 $\boldsymbol{\Psi}$ 的条件数变得很大, 造成矩阵 $\boldsymbol{\Psi}$ 求逆的计算误差很大, 以致图 10.7 中对应的 EZMP 误差出现异常。尽管有个别异常点落在了虚拟支撑多边形之外, 通过剔除这些计算错误的点, 仍然可以保证机器人成功实现复杂路面的行走, 如图 10.9 所示。

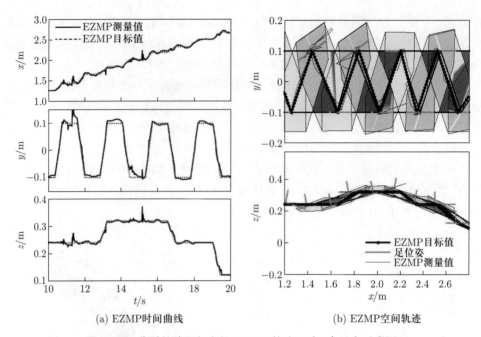

(a) EZMP时间曲线　　　　　　　(b) EZMP空间轨迹

图 10.7　非平整路面行走的 EZMP 轨迹跟踪 (参见书后彩图)

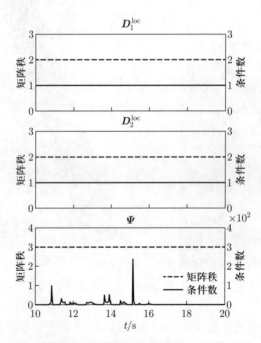

图 10.8　非平整路面行走中矩阵的秩和条件数

　　应该注意, 在执行如此复杂路面的行走时, 如果不考虑竖直方向的动力学, 机器人会立刻摔倒。本章提出的扩展小车 – 桌子模型用一种紧凑而优雅的方式来处理竖直方向动力学。另外, ZMP 在非水平路面上无法定义, 而本章提出的 EZMP 概

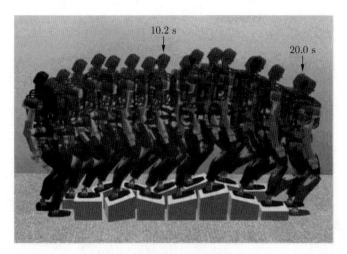

图 10.9 机器人行走时间序列图

念克服了这个缺点, 使得 ZMP 扩展到了任意路面。通过构造承载 EZMP 的虚拟平面 VCP 和位于 VCP 中的多边形 VSP, 使得 EZMP 可以唯一地确定和测量, 并用于判定稳定性。

思考题

1. 斜坡上的 ZMP 如何定义? EZMP 和 ZMP 有何区别? 两者在什么条件下可以等效?

2. EZMP 轨迹如何规划? 如何进行全身自旋 (绕质心) 角动量调控?

3. 基于稳定性的运动规划和基于机械能耗的运动规划有什么联系?

第二篇参考文献

[1] 艳涛. 汇童机器人第 4、5 代集体亮相 [J]. 机器人技术与应用, 2012(4): 44.

[2] MISTRY M, BUCHLI J, SCHAAL S. Inverse dynamics control of floating base systems using orthogonal decomposition [C]//Proceedings of IEEE International Conference on Robotics and Automation. Anchorage, 2010: 3406-3412.

[3] POPOVIC M B, GOSWAMI A, HERR H. Ground reference points in legged locomotion: Definitions, biological trajectories and control implications [J]. The International Journal of Robotics Research, 2005, 24(12): 1013-1032.

[4] VUKOBRATOVIĆ M, STEPANENKO J. On the stability of anthropomorphic systems [J]. Mathematical Biosciences, 1972, 15(1): 1-37.

[5] VUKOBRATOVIĆ M. Zero-moment point — Thirty five years of its life [J]. International Journal of Humanoid Robotics, 2004, 1(1): 157-173.

[6] VUKOBRATOVIĆ M, BOROVAC B, POTKONJAC V. Towards a unified understanding of basic notions and terms in humanoid robotics [J]. Robotica, 2007, 25(1): 87-101.

[7] PRATT J, CARFF J, DRAKUNOV S, et al. Capture point: A step toward humanoid push recovery [C]//2006 6th IEEE-RAS International Conference on Humanoid Robots. Genova, 2006: 200-207.

[8] TAKAO S, YOKOKOHJI Y, YOSHIKAWA T. FSW (feasible solution of wrench) for multi-legged robots [C]//2003 IEEE International Conference on Robotics and Automation. Taipei, 2003, 3: 3815-3820.

[9] HIRUKAWA H, HATTORI S, KAJITA S, et al. A pattern generator of humanoid robots walking on a rough terrain [C]//Proceedings 2007 IEEE International Conference on Robotics and Automation. Rome, 2007: 2181-2187.

[10] GOSWAMI A. Foot rotation indicator (FRI) point: A new gait planning tool to evaluate postural stability of biped robots [C]//Proceedings 1999 IEEE International Conference on Robotics and Automation. Detroit, 1999, 1: 47-52.

[11] SARDAIN P, BESSONNET G. Forces acting on a biped robot. Center of pressure-zero moment point [J]. IEEE Transactions on Systems, Man, and Cybernetics — Part A: Systems and Humans, 2004, 34(5): 630-637.

[12] SUGIHARA T, NAKAMURA Y, INOUE I. Real-time humanoid motion generation through ZMP manipulation based on inverted pendulum control [C]//Proceedings 2002

IEEE International Conference on Robotics and Automation. Washington, 2002, 2: 1404-1409.

[13] HARADA K, KAJITA S, KANEKO K, et al. Dynamics and balance of a humanoid robot during manipulation tasks [J]. IEEE Transactions on Robotics, 2006, 22(3): 568-575.

[14] MORISAWA M, KAJITA S, KANEKO K, et al. Pattern generation of biped walking constrained on parametric surface [C]//Proceedings of the 2005 IEEE International Conference on Robotics and Automation. Barcelona, 2005: 2405-2410.

[15] KAJITA S, KANEHIRO F, KANEKO K, et al. Biped walking pattern generation by using preview control of zero-moment point [C]//2003 IEEE International Conference on Robotics and Automation. Taipei, 2003, 2: 1620-1626.

[16] PARK J, YOUM Y. General ZMP preview control for bipedal walking [C]//Proceedings 2007 IEEE International Conference on Robotics and Automation. Rome, 2007: 2682-2687.

[17] MURRAY R M, LI Z X, SASTRY S S, et al. A mathematical introduction to robotic manipulation [M]. CRC Press, 1994.

[18] HERR H, POPOVIC M. Angular momentum in human walking [J]. Journal of Experimental Biology, 2008, 211(4): 467-481.

[19] KAJITA S, KANEHIRO F, KANEKO K, et al. Resolved momentum control: Humanoid motion planning based on the linear and angular momentum [C]//Proceedings 2003 IEEE/RSJ International Conference on Intelligent Robots and Systems. Las Vegas, 2003, 2: 1644-1650.

[20] MICHEL O. Cyberbotics Ltd. Webots^{TM}: Professional mobile robot simulation [J]. International Journal of Advanced Robotic Systems, 2004, 1(1): 39-42.

[21] 李敬. 仿人机器人乒乓球击打运动规划与稳定控制 [D]. 北京: 北京理工大学, 2015.

[22] KAJITA S, MIURA K, MORISAWA M, et al. Evaluation of a stabilizer for biped walk with toe support phase [C]//2012 12th IEEE-RAS International Conference on Humanoid Robots.Osaka, 2012: 586-592.

第三篇

多旋翼飞行器目标搜索

第 11 章　多旋翼飞行器控制概述

11.1　引言

无人驾驶飞行器 (unmanned aerial vehicle, UAV) 是一种配备必要的处理单元、多传感器、自主控制器与通信系统的飞行器, 具有自主起降、自动驾驶、自主导航、自主获取数据与通信等功能。通常, 依据外形结构, 无人驾驶飞行器可分为固定翼、扑翼、旋翼与非常规四种。固定翼飞行器的布局形式较为常规, 它由机身、机翼、垂尾与螺旋桨作为推进系统, 具有飞行速度快的优势, 应用较为广泛。但是, 其仍然存在诸多问题亟须解决, 如高推重比的微型动力系统、大容积质量比的结构设计技术以及低雷诺数的空气动力学问题等。扑翼飞行器通过模拟鸟类或昆虫挥动翅膀实现悬停与飞行, 其最大特点是体积小巧、机动性强、机械性能优于固定翼飞行器。但是, 其对材料要求高, 结构较复杂。旋翼飞行器则集合了前两者的优点, 可实现垂直起降及稳定悬停。相对于单旋翼飞行器, 多旋翼飞行器具有更好的稳定性 (对于运动特性确定的飞行器来说, 多旋翼飞行器因参与控制的旋翼数量更多而拥有更好的控制效果)。此外, 飞行器对动力系统失效的容忍度也随着旋翼数量的增多而提高。对于非常规飞行器, 其目前还处于初始开发阶段。

早在 1992 年, 美国国防部高级研究计划局 (Defence Advanced Research Projects Agency, DARPA) 就讨论了在军事领域使用微型多旋翼飞行器 (翼展小于 15 cm) 的方案。但是, 实验结果表明: 微型多旋翼飞行器的尺寸过小, 以至于无法完成预定任务。因此, DARPA 将目光转移至小型多旋翼飞行器[1]。相比于传统的飞行器, 其具有如下优点:

(1) 操控简单: 仅需调整电动机的转速即可实现飞行器的实时控制。

(2) 可靠性高: 多旋翼飞行器机身上没有活动部件, 只要保证电动机可靠, 即可实现飞行。

(3) 保养方便: 由于其结构简单, 损坏部件易于替换, 如电动机、电子调速器、电池、桨叶和机架等。

(4) 适应性好: 由于机身小巧, 其能够在自然环境及人为环境中自由飞行, 尤其适合于空间狭小的工作环境。

(5) 应用领域广: 其在军事和民用领域均有广泛的应用价值与前景, 如搜索与救援、航空测绘、目标跟踪、自主飞行编队、在敌对环境中群集作战、室内目标搜索、灾难通信恢复等。

11.2 多旋翼飞行器目标定位技术

战国时期, 我国祖先发明的指南针是最原始的导航方法。早期, 人们也使用地标 (航标或特殊建筑等) 进行导航。为适应远距离导航的需求, 古人通过观察日月星辰尤其是北极星来确定方向, 这也是最早的天文导航。自 20 世纪 20 年代起, 随着科技与导航技术的发展, 飞机上出现了仪表导航系统。20 世纪 30 年代出现无线电导航系统 (依靠飞机上的信标接收机与无线电罗盘获取地面导航站信息)。20 世纪 40 年代开始研制超短波伏尔加导航系统。1942 年, 德国在 "V–2" 导弹上首次使用惯性导航系统 (inertial navigation system, INS)[2]。20 世纪 50 年代出现卫星导航系统, 即美国研发的海军导航卫星系统。此后, 20 世纪 60 年代, 远程无线电罗兰–C 导航系统、塔康导航系统、远程欧米茄导航系统、自动天文导航系统与全球定位系统 (global positioning system, GPS) 相继出现。其间, 为弥补各自导航系统的不足, 出现了各种组合导航系统。此外, 图像跟踪技术也在军事领域中广泛应用。20 世纪 70 年代末至 80 年代初创立了视觉计算理论[3]。20 世纪 80 年代后, 地形辅助导航 (terrain assisted navigation, TAN) 得到应用, 其需要增加系统硬件来存储大量的数字地形高程数据。20 世纪末, 随着机载数字地图与实时图像处理技术的发展, 视觉导航以及各种组合导航系统也得到了进一步发展。

在当今热门的导航系统中, INS、GPS 与视觉导航是应用最为广泛的导航系统。INS 是利用惯性传感器 (陀螺仪与加速度计)、基准方位及初始位置信息确定载体方位、位置与速度的自主式导航系统, 其通常分为平台式惯性导航系统 (platform inertial navigation system, PINS) 与捷联式惯性导航系统 (strap-down inertial navigation system, SINS) 两类。PINS 将惯性传感器安装在稳定平台上, 并以其为基准测量载体运动参数; SINS 直接将惯性传感器安装在载体上, 利用计算机完成载体的跟踪保持。INS 是一种不依赖外部信息的自主式导航系统, 具有较强的自主性, 并可提供较为全面的导航信息。但是, 由于定位误差随时间积累, 其难以独立完成长时间高精度定位。GPS 由分布在 6 个轨道平面的导航卫星、地面监控与用户设置等部分构成, 是一个实时卫星导航系统。它可以在全球范围内任何天气条件下实现高精度的三维定位、测速与测定姿态, 且定位误差不随时间累积。但是, GPS 接收机工作状态受载体机动性影响较大。此外, GPS 卫星并没有完全覆盖地球, 且不能在室内环境中使用。由此可见, INS 与 GPS 具有良好的互补性[4,5]。视觉导航依靠载体获取的实时视觉图像, 利用图像处理与模式识别等技术获取载体运动信息和空间位置信息。作为一种被动导航系统, 视觉导航不容易被其他信号干扰而导致导航中断。

近十几年来, 越来越多的学者与研究人员关注多旋翼飞行器的高自主性, 其是通过不同的导航系统实现的。Roberts 等[6] 将超声波传感器用于结构化的测试环境。但是, 超声波传感器的最大缺陷就是精度低。Wendel 等[7] 为飞行器提出一种将 GPS 与 INS 相结合的组合导航系统。在 GPS 无法正常工作的情况下, 利用加速度计与磁力计来提供重力矢量和地球磁场的近似测量。Tuna 等[8] 应用飞行器编队为救援行动建立辅助应急通信系统。飞行器通过 GPS/INS 获取精确的经纬度定位信息, 通过与地理信息系统 (geographic information system, GIS) 中的相应点比较来获取飞行器的高度信息。但是, 飞行器在室内飞行时, GPS/INS 无法为其提供可行的飞行方向与自主避障, 并且 GIS 需要大量数据。Templeton 等[9] 采用视觉导航实现室外地形测绘。Celik 等[10] 提出基于视觉导航方法 (单目相机和超声波传感器) 实现室内定位与匹配。Angelopoulou 等[11] 提出一种基于视觉导航的自运动估计方法, 其通过特征选择和特征跟踪方法获取连续两帧图像之间的二维稀疏光流图实现导航。Grzonka 等[12] 使用视觉导航实现室内自主飞行。为了能自主到达期望的位置, 必须预先下载环境地图至飞行器并且环境信息能够被即时定位与地图构建 (simultaneous localization and mapping, SLAM) 方法获取。

为克服全自主导航系统的缺陷, 本篇将基于二维激光测距仪与前视摄像头的半自主导航系统应用于二维空间目标搜索脑机接口 (brain-computer interface, BCI)。二维激光测距仪用于提取环境信息。依据提取的环境信息, 半自主导航系统可提供可行飞行方向并完成飞行器半自主避障。由于半自主导航系统智能决策是由人做出的, 相较于全自主导航系统减少了计算负担。因此, 与全自主导航相比, 半自主导航系统兼具计算成本低与控制效率高的优势, 这些特性使半自主导航系统更适用于完成本篇的飞行器二维空间目标搜索。

11.3 多旋翼飞行器生物电控制技术

11.3.1 脑机接口系统

目前, 各种接口控制系统被用于控制设备并且可为健康或残疾人士提供行动能力。它们可以通过红外线头戴式操纵杆、姿势、视觉信息、眼部运动、肌电图 (electromyogram, EMG)、眼电图 (electrooculogram, EOG) 与脑电图 (electroencephalogram, EEG) 等不同方式实现。其中, EEG 与 EOG 由于具有易于实施和良好的时间分辨率的特性, 常用于非侵入式接口控制系统[13]。它们通过图形用户界面或多媒体应用程序, 使人与环境或对象之间的通信更便捷。

BCI 是指在人脑与计算机之间或其他设备之间建立的直接交流和控制通道, 其不依赖于脑的正常生理输出通路[14]。使用者可以通过大脑直接表达想法或控制设备, 无需语言或肢体动作等。BCI 并不解释自发的 EEG 信号, 只是设法令使用者产生具有特定易识别的 EEG 信号。自 20 世纪 60 年代以来, 认知心理学与神经科学的研究表明: 不同的心理任务以不同的程度激活局部大脑皮层。20 世纪 90 年代中期, BCI 逐渐成为相关研究的热点。2008 年, Mortiz 等的研究表明: 猴子可通过学习控制运动皮层神经元的活动来驱动外部设备, 进而恢复手臂的运动能力, 这对 BCI 的发展具有重大意义。BCI 系统是指由人与控制对象构成的一个闭环系统, 通常包含信号采集、信号处理、命令执行与反馈四部分。BCI 系统中, 信号采集是获取大脑活动信息的重要环节。根据信号的采集方式, BCI 系统有侵入式头皮电极与非侵入式电极。侵入式头皮电极需要进行外科手术将其埋入大脑皮层, 采集的信号有较高的空间分辨率和信噪比。但是, 其会对受试者身心等方面造成影响而使应用受到限制; 非侵入式电极对受试者没有伤害, 信号采集方便, 但是采集到的信号在经过颅骨后有滤波作用。与侵入式头皮电极相比, 其信号的分辨率低、干扰大、信噪比低。根据信号的产生方式, BCI 系统可分为自发式与诱发式。自发式 BCI 系统采用的信号是由大脑思维活动产生的, 无须外界刺激, 但是需要受试者通过训练来产生特定模式的信号; 诱发式 BCI 系统所采用的信号是由内、外界刺激所诱发的大脑皮层神经电活动, 其不需要训练受试者, 特征提取相对简单, 识别率可接近100%。与诱发式相比, 自发式 BCI 系统更适应环境, 可直接提供人机交互。此外, 根据控制方式不同, BCI 系统可分为同步与异步。同步 BCI 系统要求受试者在规定时间内产生特定模式的信号; 异步 BCI 系统则不停地分析 EEG 信号, 不受时间约束。

大脑皮质神经细胞自发产生的放电活动可以通过 EEG 信号来测量和记录, 无须使用肌肉或周围神经。这些 EEG 信号是由安放在头皮附近的贴片电极采集得到的, 是数以百万计神经元的活动总和。由于基于 EEG 的 BCI 系统可建立大脑活动和设备之间的通信, 因此, 被广泛应用于非侵入式 BCI 系统。通常, BCI 系统可用于恢复运动功能或为残障人士提供行动能力, 如电动轮椅或服务机器人、虚拟键盘、计算机游戏、网页浏览器以及通信控制系统等。在 BCI 系统中, 运动想象(motor imagery, MI) 是一种研究最多的 EEG 信号。大多数基于 MI 任务的 BCI 系统允许使用者在虚拟或者真实环境中控制设备对象。虚拟环境对于训练使用者以及测试 BCI 系统是有效且实用的工具。通常, 虚拟环境中的仿真设备通过左手与右手 MI 任务, 完成相应的操作。虚拟环境已被证实可以提高 BCI 系统实际操作性能。

眼球可视为一个双极性球体, 角膜相对于视网膜呈现正电位, 因此, 两者之间存在电位差, 并在眼睛周围形成一个电势场。眼球运动诱发电势场发生空间相位变化, 进而产生生物电现象。当眼睛注视前方不动时 (注视动作), 可将其视为稳定的基准电位。眼睛在水平方向运动时 (水平扫视动作), 眼睛左侧与右侧皮肤之间的电位差发生变化; 在垂直方向运动时 (垂直扫视或眨眼动作), 眼睛上、下侧的电位会发生变化。EOG 是用于感测眼球运动与测量由角膜和视网膜之间的眼球运动所产生的电位差的一种方法。目前, 基于 EOG 的接口系统已经被用于控制轮椅、辅助机器人、虚拟键盘以及视觉导航等。为使操作者可同时完成更多的控制任务, 并且引入更加智能、稳定且易于操作的控制模式, 本篇基于半自主导航系统与 MI 的

EEG 控制建立了用于实现多旋翼飞行器二维空间目标搜索的非侵入式 BCI 系统。

直接获取的 EEG/EOG 信号是非常微弱的, 其必须经过信号放大、模数转换、滤波等处理过程; 信号处理主要包括特征提取、特征分类与相应控制命令转换; 为实现对控制对象的精确控制, 可采用视觉、听觉等反馈方式获取控制对象的相关信息。BCI 系统结构如图 11.1 所示。

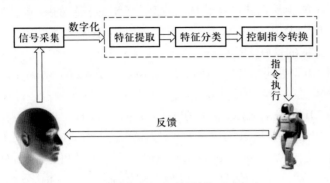

图 11.1 BCI 系统结构示意

11.3.2 信号预处理方法

通过电路采集的生物电信号通常含有干扰, 或者我们只对采集到的信号中某些特定频率的信息感兴趣, 因此, 首先需要对采集到的信号进行预处理。常用的预处理方法有以下几种。一是有限冲激响应 (finite impulse response, FIR) 滤波, 其具有稳定的线性相移, 但是存在计算效率相对较低、计算过程非递归的缺陷。二是无限冲激响应 (infinite impulse response, IIR) 滤波, 与 FIR 滤波相比, 其优点是可在很低的阶数上具有较陡峭的截止频率, 但是存在相位响应在通带与阻带边缘失真较大的缺陷。三是 Laplacian 滤波, 其能够突出局部活动同时减少弥漫性干扰, 但是存在无法为信号做谱分析的缺陷。四是独立成分分析 (independent component analysis, ICA), 其目的是找到新的统计独立且非高斯分布的新变量, 基本思想是: 若采集的信号 x 是由原始信号 s 通过线性变换生成的, 则其一定存在逆变换可恢复出原始信号。ICA 无须知道原变量的具体分布, 只需知道它们不是高斯分布即可。

11.3.3 特征提取方法

特征提取用于获取大脑活动记录的规律。有效的特征提取方法能够获得好的分类结果。目前, 多种特征提取方法没有考虑 EEG 信号在时域和频域存在非平稳与易变的特性。它们假设 EEG 信号在采集过程中是同性质的。由于连续小波变换不存在重建问题, 它执行起来相对简单, 可提供更精细的多分辨率空间, 并且被处理后的数据具有更高的精度。另外, 主成分分析 (principal component analysis, PCA) 方法能够对原始数据进行简化而尽可能地不丢失数据信息, 该方法通过变换将一组相关变量转换成正交的不相关变量, 且按照方差大小 (对数据贡献的大小) 排列, 从而实现将原始数据降维的目的。自回归 (auto-regression, AR) 模型是常用的 MI 特征提取的方法。AR 模型具有较强的谱估计分辨能力, 但是, 其存在一个主要问题: 模型的阶数是未知的, 必须使用阶数选择准则确定。如果数据量少, 阶数选择的不同可能得到不同的结果。由于从不同通道采集的 EEG 信号密切相关, 且当前通道的信号可能会受到其自身或其他通道之前时刻信号的影响, 而 AR 模型只考虑采集至某一单独通道的 EEG 信息, 因此, 基于 AR 模型的方法或许不是用于提取多通道 MI 特征的良好方法。

通常, 事件相关去同步/同步 (event related desychronization/synchronization, ERD/ERS) 发生在大脑结构的相对两侧, 这使得其能够区分左、右 MI 任务。很多学者已经发现 MI 任务的 EEG 信号在 μ 节律 (8 ∼ 12 Hz) 与 β 节律 (18 ∼ 26 Hz) 对应 ERD/ERS 的特定区域。这一发现激励学者们寻求 MI 的 EEG 信号特征提取和分类的新方法。互相关 (cross-correlation, CC) 方法可有效提供两个不同电极间任意 EEG 信号的可区别信息。与获取的原始 EEG 信号相比, 互相关序列能够提供更多的有用信息且该方法具有降低噪声的效果。本篇为了提高特征提取与分类的精度, 提取每个互相关序列中的均值、标准偏差、偏度、峰度、最大值与最小值等作为特征, 并将这些特征作为 BCI 系统分类器的输入。

11.3.4 特征分类方法

在 BCI 系统中, 仅得到信号的时域或频域特征是不够的, 还需要根据得到的不同特征做出相应的决策以控制受控对象。分类器的使用就可以实现这一目的, 其有助于预测和区分不同大脑状态特征变量的分类。通过训练, 分类器可以根据当前信号的特征找出其隐含的命令信息, 并对其做出属于某种状态的判断, 进而将其转换为相应的控制指令。

1939 年, Fisher 提出了 Fisher 线性判别分析, 这也是研究线性判别中最有影响的方法之一。Fisher 线性判别分析是一种由多维空间至一维空间的数学变换方法。其最根本目的是找到样本的一个最优投影方向, 使两类样本在该投影方向的重叠部分最少, 即样本在该投影方向的类间距离最大、类内距离最小。K 近邻算法的基本思想是在训练样本中找到测试样本的 K 个最近邻, 然后根据 K 个最近邻的类别决定测试样本的类别。其具有简单直观、易于实现、错误率较低与能够较好地避免样本不平衡等优点。在使用该方法时, 通常选择 K 值为奇数以避免不同类别的最近邻样本数出现相等的状况。支持向量机 (support vector machine, SVM) 方法是由 Vapnik 于 20 世纪 90 年代提出的, 它通过适当的非线性映射将输入特征向量映射至一个高维的特征空间, 并使得分属于两个不同类的数据总能被一个超平面分割。相对于其他基于经验风险最小化 (empirical risk minimization, ERM) 原则的算法, 如基于规则的分类器和人工神经网络 (artificial neural network, ANN), SVM 基于结构风险最小化 (structural risk minimization, SRM) 原则, 具有良好的分类精度、泛化和紧凑的模型, 并且提供一个代表两类别之间的最大分离程度的超平面。此外, 它在特征空间中构建一个最优分离超平面, 并使学习机得到全局最优。SVM 已经被应用至不同领域, 例如生物信息学、驾驶过程中嗜睡的自动检测、基于内容的图像检索、癫痫分类、文本分类与手写数字识别等。在生物医学领域, 逻辑回归 (logistic regression, LR) 方法正受到更多关注。此外, 它被广泛且成功地应用至各种模式识别领域, 例如滑坡风险预测、高维癌症分类、动作识别与细胞位置预测等。尽管 LR 方法与 SVM 相似, 但是 LR 方法具有较低的模型复杂性与过度拟合的风险。与 SVM 相比, LR 方法具有两个优点: 一是不需要调整参数, 其使用极大似然估计 (maximum likelihood estimate, MLE) 方法自动估计参数; 二是可同时给出二分类的结果与类成员之间的概率。

思考题

1. 常用的室外导航系统有哪些?
2. 什么是 BCI 系统? 简述其系统结构。

第 12 章 基于 SINS/双 GPS 组合导航系统的多旋翼飞行器目标定位

12.1 引言

多旋翼飞行器的高自主性主要是通过不同导航系统实现的。在当今诸多热门导航系统中, 惯性导航系统 (INS) 与全球定位系统 (GPS) 的应用最为广泛。为实现多旋翼飞行器的室外目标精确定位, 本章研究了基于 SINS/双 GPS 的组合导航系统, 并将其用于复杂地形边界与面积在线估计。

目前获取地形边界与面积的常用方法有以下几种。① 采用卫星或飞机远程航拍, 获取高分辨率地形图像。该方法具有覆盖面广、空间分辨率高等优点, 但其存在运营维护成本高与实时性差等缺陷。② 使用 Google Earth 或 Google Map 等软件。该方法需要手动确认地形边界点且地形面积估计精度低。③ 使用 Pix4Dmapper 与 Agisoft 商用航拍软件。该方法需要首先利用飞行器或者飞机航拍获取地形的二维或三维图像; 然后利用获取的图像生成 DOM 或 DEM 格式文件; 最后利用航拍时预先获取的地形边界点定位数据或手动输入地形边界点位置信息, 获取地形的最终边界与面积估计。该方法需预先知道待估计地形边界点的确定位置信息, 估计过程烦琐且无法实现在线估计。④ 使用设备实地测量。该方法容易受地形、地理环境、天气条件等诸多因素影响, 设备成本高。如果待估计地形复杂, 根本无法实现人工实地作业, 且随着地形复杂条件的增加, 估计精度急剧降低。为此, 本章提出一种以多旋翼飞行器为测量平台, 低成本且适用于任何无交叉点的复杂地形边界与面积在线估计系统与方法。首先, 使用飞行器的前视和下视摄像头确定飞行方向并选择边界点。然后, 为获取地形边界点的单点定位数据, 将捷联式惯性导航系统 (SINS) 与双 GPS 相对伪距差分定位系统结合构成组合导航系统。最后, 应用拉依达准则 (又称 Pauta 准则、3σ 准则) 剔除异常定位数据, 并使用扩展卡尔曼粒子滤波 (extended Kalman particle filter, EKPF) 方法提高定位精度。

12.2　复杂地形边界与面积在线估计系统

图 12.1 为复杂地形边界与面积在线估计 PC 端地面控制系统以及飞行器构件。飞行器根据 PC 端地面控制系统的控制指令工作, 实时获取前视图像与下视图像, 并将获取的图像、解算得到的实时定位信息回传至 PC 端地面控制系统。SINS 由三轴陀螺仪与三轴加速度计构成, 其主要用于获取飞行器的实时惯性导航数据 (包括飞行器的飞行姿态、速度及位置等信息), 此外, 其还具有辅助的气压计与三轴磁力计。双 GPS 相对伪距差分定位系统由两根带有伪距测量功能的 IGO ESmart GPS 天线 (用于接收多旋翼飞行器的瞬时 GPS 导航数据并传输至 GPS 导航数据接收板卡) 与两块 OEMStar GPS 导航数据接收板卡 (用于解算实时 GPS 导航数据) 构成。两根 GPS 天线分别被固定在飞行器前向飞行悬架的延长支架上。飞行器的主飞行控制系统、SINS 与 GPS 导航数据接收板卡重叠放置在飞行器旋翼支架交汇处。

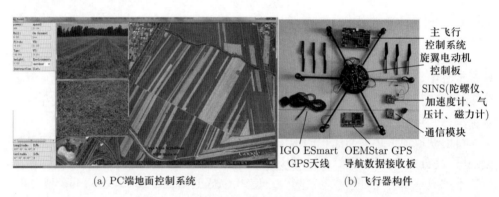

(a) PC端地面控制系统　　　　　　　　　　(b) 飞行器构件

图 12.1　PC 端地面控制系统与飞行器构件

图 12.2 为简化的在线估计系统结构。PC 端地面控制系统可通过 Wi-Fi、3G 网络、遥控等方式与飞行器建立连接, 并根据实时获取图像确定待估计地形的边界点。飞行器在边界点悬停 1 min, 获取当前边界点的实时定位数据, 并回传至 PC 端地面控制系统 (为得到精确的边界点定位数据, 将 SINS 与双 GPS 相对伪距差分定位系统采用紧耦合方式构成组合导航系统。为确保组合导航系统的可靠性, GPS

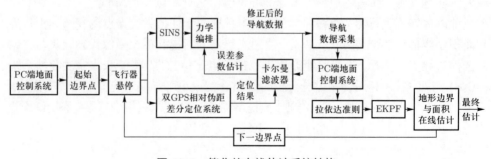

图 12.2　简化的在线估计系统结构

模块至少要同步观测到 4 颗卫星)。PC 端地面控制系统将获取的当前边界点定位数据依次使用拉依达准则与 EKPF 方法剔除可能存在的异常定位数据, 并进一步优化、估计该点的最终位置。估计算法依据优化后的定位数据, 完成边界点相应属性判断; 待其获取全部边界点的优化定位数据后, 实现待估计地形的最终地形边界与面积在线估计。

12.3 双 GPS 相对伪距差分定位系统

在两个 GPS 接收机之间的基线长度已知且观测到同一组卫星的前提下, 使用差分方法处理 GPS 接收机所获取的定位数据可以减小或去除大气误差、电离层误差与卫星轨道误差等其他误差, 但是, 在定位数据中仍然存在 GPS 接收机噪声和多路径误差。

定义 $G_1(x_{1r}, y_{1r}, z_{1r})$ 与 $G_2(x_{2r}, y_{2r}, z_{2r})$ 分别为两个 GPS 接收机的天线位置; $J(x_j, y_j, z_j)$ 为观测到的某卫星位置。在某时刻, 由 G_1、G_2 与 J 构成一个三角形。图 12.3 为双 GPS 相对伪距差分定位示意。

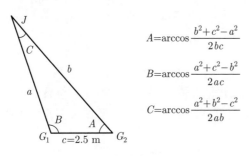

$$A = \arccos \frac{b^2 + c^2 - a^2}{2bc}$$

$$B = \arccos \frac{a^2 + c^2 - b^2}{2ac}$$

$$C = \arccos \frac{a^2 + b^2 - c^2}{2ab}$$

图 12.3 双 GPS 相对伪距差分定位示意

令由 G_1 至 J 的实际距离与伪距分别为

$$\rho_1^j = \sqrt{(x_{1r} - x_j)^2 + (y_{1r} - y_j)^2 + (z_{1r} - z_j)^2} \tag{12.1}$$

$$\rho_1^{j'} = \rho_1^j + c(dt_1 - dt_j) + \rho_{1ion}^j + \rho_{1tro}^j + \rho_{1eph}^j \tag{12.2}$$

式中, dt_1 为相对于 GPS 的接收机时钟偏差; dt_j 为相对于 GPS 的卫星 J 时钟偏差; ρ_{1ion}^j 为电离层偏差; ρ_{1tro}^j 为对流层偏差; ρ_{1eph}^j 为 GPS 卫星星历偏差。

由式 (12.1) 与式 (12.2) 可得到伪距修正为

$$\Delta\rho_1^j = \rho_1^j - \rho_1^{j'} = -c(dt_1 - dt_j) - \rho_{1ion}^j - \rho_{1tro}^j - \rho_{1eph}^j \tag{12.3}$$

与此同时, 由 G_2 至 J 的伪距为

$$\rho_2^{j'} = \rho_2^j + c(\mathrm{dt}_2 - \mathrm{dt}_j) + \rho_{2\mathrm{ion}}^j + \rho_{2\mathrm{tro}}^j + \rho_{2\mathrm{eph}}^j \tag{12.4}$$

由式 (12.3) 与式 (12.4) 可得

$$\rho_2^{j'} + \Delta\rho_1^j = \rho_2^j + c(\mathrm{dt}_2 - \mathrm{dt}_1) + (\rho_{2\mathrm{ion}}^j - \rho_{1\mathrm{ion}}^j) + (\rho_{2\mathrm{tro}}^j - \rho_{1\mathrm{tro}}^j) + (\rho_{2\mathrm{eph}}^j - \rho_{1\mathrm{eph}}^j) \tag{12.5}$$

由于安装在飞行器上的 G_1 与 G_2 之间距离为 2.5 m, 因此可假设 $\rho_{2\mathrm{ion}}^j = \rho_{1\mathrm{ion}}^j$, $\rho_{2\mathrm{tro}}^j = \rho_{1\mathrm{tro}}^j$, $\rho_{2\mathrm{eph}}^j = \rho_{1\mathrm{eph}}^j$。此外, 假设 $\Delta\rho_\tau = c(\mathrm{dt}_2 - \mathrm{dt}_1)$, 则式 (12.5) 可简化为

$$\rho_2^j = \rho_2^{j'} + \Delta\rho_1^j - \Delta\rho_\tau \tag{12.6}$$

由图 12.3 可知:

$$\begin{cases} a = \rho_1^j, b = \rho_2^j = \rho_2^{j'} + \rho_1^j - \rho_1^{j'} - \Delta\rho_\tau, c = 2.5 \\ \arccos\dfrac{(\rho_2^j)^2 + 2.5^2 - (\rho_1^j)^2}{6\rho_2^j} + \arccos\dfrac{(\rho_1^j)^2 + 2.5^2 - (\rho_2^j)^2}{6\rho_1^j} + \\ \arccos\dfrac{(\rho_1^j)^2 - 2.5^2 + (\rho_2^j)^2}{2\rho_1^j\rho_2^j} = 180° \end{cases} \tag{12.7}$$

由式 (12.7) 可知: 若 G_1 与 G_2 可同时观测到至少 4 颗卫星时, 即可解算出 G_1 实际位置与 $\Delta\rho_\tau$ 4 个未知量。依据解算得到的 G_1 位置, 即可得到 G_1 至导航卫星的伪距; 在测量周期的时间间隔内, 对伪距求解微分, 即可得到伪距率。

12.4 组合导航系统卡尔曼滤波器设计

12.4.1 组合导航系统状态方程

紧耦合组合导航系统中, 选取导航参数误差作为滤波器的状态, 利用估计误差来校正 SINS 输出。本章采用伪距、伪距率的组合方式。SINS 误差状态由位置误差、速度误差、姿态误差角、加速度计零偏误差与陀螺仪漂移误差等构成, 定义误差状态向量为[4]

$$\boldsymbol{X}_\mathrm{I} = [\delta L \quad \delta\lambda \quad \delta h \quad \delta v_x \quad \delta v_y \quad \delta v_z \quad \varphi_x \quad \varphi_y \quad \varphi_z \quad \varepsilon_{bx} \quad \varepsilon_{by} \quad \varepsilon_{bz} \quad \nabla_{bx} \quad \nabla_{by} \quad \nabla_{bz}]^\mathrm{T} \tag{12.8}$$

定义 SINS 误差状态方程为

$$\dot{\boldsymbol{X}}_\mathrm{I} = \boldsymbol{F}_\mathrm{I}\boldsymbol{X}_\mathrm{I} + \boldsymbol{G}_\mathrm{I}\boldsymbol{W}_\mathrm{I} \tag{12.9}$$

式中, $\boldsymbol{W}_\mathrm{I} = [\omega_{gx} \quad \omega_{gy} \quad \omega_{gz} \quad \omega_{ax} \quad \omega_{ay} \quad \omega_{az}]^\mathrm{T}$ 为系统噪声; $\boldsymbol{G}_\mathrm{I}$ 为系统噪声矩阵。

式 (12.9) 中各参数格式定义如下[4]:

$$\boldsymbol{G}_{\mathrm{I}} = \begin{bmatrix} \boldsymbol{O}_{6\times 3} & \boldsymbol{O}_{6\times 3} \\ \boldsymbol{C}_b^t & \boldsymbol{O}_{3\times 3} \\ \boldsymbol{O}_{3\times 3} & \boldsymbol{O}_{3\times 3} \\ \boldsymbol{O}_{3\times 3} & \boldsymbol{I}_3 \end{bmatrix}_{15\times 6} \tag{12.10}$$

$$\boldsymbol{F}_{\mathrm{I}} = \begin{bmatrix} \boldsymbol{F}_\omega & \boldsymbol{F}_s \\ \boldsymbol{O}_{6\times 9} & \boldsymbol{O}_{6\times 6} \end{bmatrix}_{15\times 15} \tag{12.11}$$

$$\boldsymbol{F}_s = \begin{bmatrix} \boldsymbol{O}_{3\times 3} & \boldsymbol{O}_{3\times 3} \\ \boldsymbol{O}_{3\times 3} & \boldsymbol{C}_b^t \\ \boldsymbol{C}_b^t & \boldsymbol{O}_{3\times 3} \end{bmatrix} \tag{12.12}$$

$$\boldsymbol{C}_b^t = (\boldsymbol{C}_t^b)^{-1} = \begin{bmatrix} \cos\psi & 0 & -\sin\phi \\ 0 & 1 & 0 \\ \sin\phi & 0 & \cos\phi \end{bmatrix}^{-1} \tag{12.13}$$

定义 GPS 误差状态方程为

$$\dot{\boldsymbol{X}}_{\mathrm{G}} = \boldsymbol{F}_{\mathrm{G}}\boldsymbol{X}_{\mathrm{G}} + \boldsymbol{G}_{\mathrm{G}}\boldsymbol{W}_{\mathrm{G}} \tag{12.14}$$

式中, $\boldsymbol{X}_{\mathrm{G}} = [b_{\mathrm{clk}} \quad d_{\mathrm{clk}}]^{\mathrm{T}}$, $\boldsymbol{F}_{\mathrm{G}} = \begin{bmatrix} 1 & 0 \\ 0 & -\dfrac{1}{T_{\mathrm{clk}}} \end{bmatrix}$, $\boldsymbol{G}_{\mathrm{G}} = \boldsymbol{I}_2$, $\boldsymbol{W}_{\mathrm{G}} = [\omega_{\mathrm{b}} \quad \omega_{\mathrm{d}}]^{\mathrm{T}}$。其中, b_{clk} 为与时钟误差等效的距离误差 (即时钟误差与光速的乘积); d_{clk} 为与时钟频率误差等效的距离误差 (即时钟频率误差与光速的乘积); T_{clk} 为相关时间。结合式 (12.9) 与式 (12.14) 可得组合导航系统的状态方程:

$$\begin{bmatrix} \dot{\boldsymbol{X}}_{\mathrm{I}} \\ \dot{\boldsymbol{X}}_{\mathrm{G}} \end{bmatrix} = \begin{bmatrix} \boldsymbol{F}_{\mathrm{I}} & \boldsymbol{O} \\ \boldsymbol{O} & \boldsymbol{F}_{\mathrm{G}} \end{bmatrix} \begin{bmatrix} \boldsymbol{X}_{\mathrm{I}} \\ \boldsymbol{X}_{\mathrm{G}} \end{bmatrix} + \begin{bmatrix} \boldsymbol{G}_{\mathrm{I}} & \boldsymbol{O} \\ \boldsymbol{O} & \boldsymbol{G}_{\mathrm{G}} \end{bmatrix} \begin{bmatrix} \boldsymbol{W}_{\mathrm{I}} \\ \boldsymbol{W}_{\mathrm{G}} \end{bmatrix} \tag{12.15}$$

即

$$\dot{\boldsymbol{X}}_{\mathrm{t}} = \boldsymbol{F}_{\mathrm{t}}\boldsymbol{X}_{\mathrm{t}} + \boldsymbol{G}_{\mathrm{t}}\boldsymbol{W}_{\mathrm{t}}$$

$$\boldsymbol{X}_{\mathrm{t}} = [\delta L \ \ \delta\lambda \ \ \delta h \ \ \delta v_x \ \ \delta v_y \ \ \delta v_z \ \ \varphi_x \ \ \varphi_y \ \ \varphi_z \ \ \varepsilon_{bx} \ \ \varepsilon_{bx} \ \ \varepsilon_{bz} \ \ \nabla_{bx} \ \ \nabla_{by} \ \ \nabla_{bz} \ \ b_{\mathrm{clk}} \ \ d_{\mathrm{clk}}]^{\mathrm{T}}$$

12.4.2 组合导航系统量测方程

1. 伪距量测方程

假设在地球坐标系中, 飞行器实际位置为 (x, y, z), SINS 测得的飞行器位置为 $(x_{\mathrm{I}}, y_{\mathrm{I}}, z_{\mathrm{I}})$, 导航卫星星历给出的卫星位置为 (x_s, y_s, z_s), 则由 SINS 得到的飞行器

至卫星 S_i 的伪距 $\rho_{\mathrm{I}i}$ 与实际飞行器至卫星 S_i 的距离 r_i 分别为

$$\rho_{\mathrm{I}i} = \sqrt{(x_{\mathrm{I}} - x_s^i)^2 + (y_{\mathrm{I}} - y_s^i)^2 + (z_{\mathrm{I}} - z_s^i)^2} \tag{12.16}$$

$$r_i = \sqrt{(x - x_s^i)^2 + (y - y_s^i)^2 + (z - z_s^i)^2} \tag{12.17}$$

将式 (12.16) 在飞行器的实际位置 (x, y, z) 处完成一次泰勒级数展开, 并将其简化可分别得到:

$$\rho_{\mathrm{I}i} = r_i + \frac{x - x_s^i}{r_i}\delta x + \frac{y - y_s^i}{r_i}\delta y + \frac{z - z_s^i}{r_i}\delta z \tag{12.18}$$

$$\rho_{\mathrm{I}i} = r_i + l_i\delta x + m_i\delta y + n_i\delta z \tag{12.19}$$

由 12.3 节内容可知, 机体上 GPS 接收机得到的伪距可表示为

$$\rho_{\mathrm{G}i} = r_i + b_{\mathrm{clk}} + v_{\rho i} \tag{12.20}$$

结合式 (12.19) 与式 (12.20) 可得到伪距差量测方程为

$$\delta\rho_i = l_i\delta x + m_i\delta y + n_i\delta z - b_{\mathrm{clk}} - v_{\rho i} \tag{12.21}$$

由于在导航过程中至少要同时观测到 4 颗卫星, 因此, 伪距量测方程为

$$\delta\boldsymbol{\rho} = \begin{bmatrix} l_1 & m_1 & n_1 & -1 \\ l_2 & m_2 & n_2 & -1 \\ l_3 & m_3 & n_3 & -1 \\ l_4 & m_4 & n_4 & -1 \end{bmatrix}\begin{bmatrix} \delta x \\ \delta y \\ \delta z \\ b_{\mathrm{clk}} \end{bmatrix} - \begin{bmatrix} v_{\rho 1} \\ v_{\rho 2} \\ v_{\rho 3} \\ v_{\rho 4} \end{bmatrix} \tag{12.22}$$

由于紧耦合导航系统的状态变量是在地理坐标系中表示的, 因此, 需将式 (12.22) 中的飞行器位置转换至地理坐标系, 转换后得到的伪距量测方程为

$$\boldsymbol{Z}_\rho = \boldsymbol{H}_\rho \boldsymbol{X}_{\mathrm{t}} + \boldsymbol{V}_\rho \tag{12.23}$$

$$\boldsymbol{H}_\rho = [\boldsymbol{H}_{\rho 1} \quad \boldsymbol{O}_{4\times 12} \quad \boldsymbol{H}_{\rho 2}] \tag{12.24}$$

$$\boldsymbol{H}_{\rho 1} = \begin{bmatrix} l_1 & m_1 & n_1 \\ l_2 & m_2 & n_2 \\ l_3 & m_3 & n_3 \\ l_4 & m_4 & n_4 \end{bmatrix}\boldsymbol{C}_{\mathrm{c}}^{\mathrm{e}}, \quad \boldsymbol{H}_{\rho 2} = \begin{bmatrix} -1 & 0 \\ -1 & 0 \\ -1 & 0 \\ -1 & 0 \end{bmatrix} \tag{12.25}$$

$$\boldsymbol{C}_{\mathrm{c}}^{\mathrm{e}} = \begin{bmatrix} -(R+h)\cos\lambda\sin L & -(R+h)\cos L\sin\lambda & \cos L\cos\lambda \\ -(R+h)\sin\lambda\sin L & (R+h)\cos\lambda\cos L & \cos L\sin\lambda \\ [R(1+e^2)+h]\cos L & 0 & \sin L \end{bmatrix}$$

式中, C_c^e 为飞行器位置在地理坐标系与地球坐标系之间的转换关系。

2. 伪距率量测方程

地球坐标系中, SINS 与卫星 S_i 的伪距率 (实际值与误差值之和) 为

$$\dot{\rho}_{\mathrm{I}i} = l_i(\dot{x} - \dot{x}_s^i) + m_i(\dot{y} - \dot{y}_s^i) + n_i(\dot{z} - \dot{z}_s^i) + l_i\delta\dot{x} + m_i\delta\dot{y} + n_i\delta\dot{z} \tag{12.26}$$

由双 GPS 解算得到的伪距率为

$$\dot{\rho}_{\mathrm{G}i} = l_i(\dot{x} - \dot{x}_s^i) + m_i(\dot{y} - \dot{y}_s^i) + n_i(\dot{z} - \dot{z}_s^i) + d_{\mathrm{clk}} + v_{\dot{\rho}i} \tag{12.27}$$

依据式 (12.26) 与式 (12.27) 可得组合导航系统的伪距率差量测方程为

$$\delta\dot{\rho}_i = l_i\delta\dot{x} + m_i\delta\dot{y} + n_i\delta\dot{z} - d_{\mathrm{clk}} - v_{\dot{\rho}i} \tag{12.28}$$

由于组合导航系统至少同时需要观测到 4 颗卫星, 并将地球坐标系中的速度转换至地理坐标系, 因此, 伪距率差量测方程为

$$\delta\dot{\boldsymbol{\rho}} = \begin{bmatrix} l_1 & m_1 & n_1 & -1 \\ l_2 & m_2 & n_2 & -1 \\ l_3 & m_3 & n_3 & -1 \\ l_4 & m_4 & n_4 & -1 \end{bmatrix} \begin{bmatrix} \delta\dot{x} \\ \delta\dot{y} \\ \delta\dot{z} \\ b_{\mathrm{clk}} \end{bmatrix} - \begin{bmatrix} v_{\dot{\rho}1} \\ v_{\dot{\rho}2} \\ v_{\dot{\rho}3} \\ v_{\dot{\rho}4} \end{bmatrix} \tag{12.29}$$

$$\boldsymbol{Z}_{\dot{\rho}} = \boldsymbol{H}_{\dot{\rho}}\boldsymbol{X}_{\mathrm{t}} + \boldsymbol{V}_{\dot{\rho}} \tag{12.30}$$

$$\boldsymbol{H}_{\dot{\rho}} = \begin{bmatrix} \boldsymbol{O}_{4\times3} & \boldsymbol{H}_{\dot{\rho}1} & \boldsymbol{O}_{4\times9} & \boldsymbol{H}_{\dot{\rho}2} \end{bmatrix}$$

$$\boldsymbol{H}_{\dot{\rho}1} = \begin{bmatrix} l_1 & m_1 & n_1 \\ l_2 & m_2 & n_2 \\ l_3 & m_3 & n_3 \\ l_4 & m_4 & n_4 \end{bmatrix} \boldsymbol{C}_{\mathrm{t}}^e, \quad \boldsymbol{H}_{\dot{\rho}2} = \begin{bmatrix} 0 & -1 \\ 0 & -1 \\ 0 & -1 \\ 0 & -1 \end{bmatrix} \tag{12.31}$$

$$\boldsymbol{C}_{\mathrm{t}}^e = \begin{bmatrix} -\sin\lambda & -\sin L\cos\lambda & \cos L\cos\lambda \\ \cos\lambda & -\sin L\sin\lambda & \cos L\sin\lambda \\ 0 & \cos L & \sin L \end{bmatrix} \tag{12.32}$$

将式 (12.23) 与式 (12.30) 结合, 可得到组合导航系统的最终量测方程为

$$\boldsymbol{Z}_{\mathrm{t}} = \begin{bmatrix} \boldsymbol{H}_{\rho} \\ \boldsymbol{H}_{\dot{\rho}} \end{bmatrix} \boldsymbol{X}_{\mathrm{t}} + \begin{bmatrix} \boldsymbol{V}_{\rho} \\ \boldsymbol{V}_{\dot{\rho}} \end{bmatrix} = \boldsymbol{H}_{\mathrm{t}}\boldsymbol{X}_{\mathrm{t}} + \boldsymbol{V}_{\mathrm{t}} \tag{12.33}$$

12.5　定位数据处理方法

12.5.1　拉依达准则剔除异常定位数据

拉依达准则是常用的也是简单、有效的误差判别准则, 其假设待检测数据中只含有随机误差, 并对其计算得到标准偏差; 按一定概率确定一个区间, 超过这个区间的误差为异常数据并予以剔除。通常, 在飞行器悬停获取定位数据时, 由于飞行器悬停稳定性及其他因素的影响, 定位数据中可能会存在异常数据, 因此在使用 EKPF 方法提高定位精度前, 估计算法使用拉依达准则剔除可能存在的异常定位数据。假设采集到的定位数据为独立样本数据 $X_i\ (i=1,2,\cdots,n)$。定义样本的算数平均值为 $\bar{x}$, 残差为 $E_i = X_i - \bar{x}$, 样本的标准偏差为 S。如果样本中数据 X_i 的残差满足:

$$|E_i| = 3S = 3\sqrt{\frac{1}{n-1}\sum_{i=1}^{n}(X_i - \bar{x})^2} \tag{12.34}$$

则算法认定该样本为异常数据并剔除。剔除异常数据后, 算法需要重新计算剩余数据的算数平均值、残差与标准偏差, 这导致算法的计算量较大, 因此需要优化。选择最接近算数平均值的一个原始样本数据为常数 a_0, 将每个样本点改写为 $X_i = a_0 + y_i$, 其中 y_i 为每个样本点数据与常数 a_0 的差值, 则样本的算数平均值改写为

$$\bar{x} = \frac{1}{n}\sum_{i=1}^{n}X_i = \frac{1}{n}\sum_{i=1}^{n}(y_i + a_0) = a_0 + \frac{1}{n}\sum_{i=1}^{n}y_i \tag{12.35}$$

将式 (12.35) 代入贝塞尔公式得到优化后的标准偏差:

$$S = \sqrt{\frac{1}{n-1}\left[\sum_{i=1}^{n}y_i^2 - \frac{1}{n}\left(\sum_{i=1}^{n}y_i\right)^2\right]} \tag{12.36}$$

12.5.2　扩展卡尔曼粒子滤波提高定位精度

1. 扩展卡尔曼滤波

扩展卡尔曼滤波 (extended Kalman filter, EKF) 可用于从不完全和带有白噪声的测量信号中估计非线性系统状态, 其算法的基本思想为: 对非线性函数进行线性化近似, 将高阶项忽略或逼近; 通过对线性函数的泰勒展开式进行一阶线性截断, 从而将非线性问题转化为线性问题。尽管 EKF 在组合导航系统的非线性滤波中得到应用, 但其仍然具有局限性, 其仅适用于滤波误差与预测误差很小的情况, 否则滤波初期的估计协方差下降太快, 将导致滤波不稳定甚至发散。离散非线性 EKF 过程如图 12.4 所示。

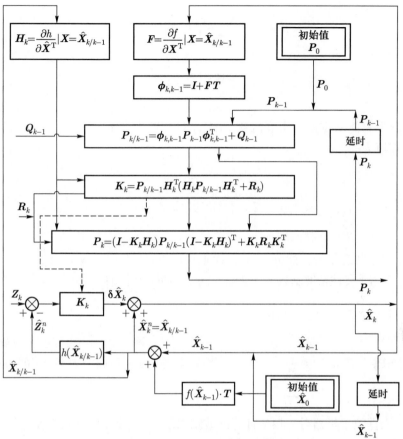

图 12.4 离散非线性 EKF 过程

2. 粒子滤波

粒子滤波 (particle filter, PF) 的基本思想是: 使用非参数化的蒙特卡罗模拟方法实现贝叶斯滤波; 用样本形式对先验和后验信息描述。当样本点数量无穷大时, 蒙特卡洛模拟特性与后验概率密度函数等价, 滤波精度从而逼近最优估计。其原则上不受线性和高斯分布限制, 适用于可用状态空间模型表示的任何非线性系统。离散系统后验概率密度函数的求解可由递推贝叶斯估计公式得到, 其中, 预测 – 时间更新与滤波 – 量测更新公式如下:

$$p(\boldsymbol{x}_n|\boldsymbol{y}_{0:n-1}) = \int p(\boldsymbol{x}_n|\boldsymbol{x}_{n-1})p(\boldsymbol{x}_{n-1}|\boldsymbol{y}_{1:n-1})\mathrm{d}\boldsymbol{x}_{n-1} \tag{12.37}$$

$$p(\boldsymbol{x}_{n-1}|\boldsymbol{y}_{1:n-1}) = C_n p(\boldsymbol{x}_n|\boldsymbol{y}_{1:n-1})p(\boldsymbol{y}_n|\boldsymbol{x}_n) \tag{12.38}$$

式中, $C_n = \left[\int p(\boldsymbol{x}_n|\boldsymbol{y}_{1:n-1})p(\boldsymbol{y}_n|\boldsymbol{x}_n)\mathrm{d}\boldsymbol{x}_n\right]^{-1}$ 为归一化因子。假设时刻 n 系统状态值分布函数可由一系列样本 (即粒子与其对应权值) 表示。其中, 样本 $\boldsymbol{\chi} = [\boldsymbol{x}_n^{(1)} \cdots \boldsymbol{x}_n^{(M)}]$ 由 $p(\boldsymbol{x}_n)$ 抽样得到, 其对应权值为 $\boldsymbol{W} = [w_n^{(1)} \cdots w_n^{(M)}]$, M 为粒子个数。系统密度函数与状态估计值分别为

$$p(\boldsymbol{x}_n) \approx \sum_{j=1}^{M} w_n^{(j)} \delta(\boldsymbol{x}_n - \boldsymbol{x}_n^{(j)}) \tag{12.39}$$

$$\hat{\boldsymbol{x}}_n = E(\boldsymbol{x}_n) \approx \sum_{j=1}^{M} \boldsymbol{x}_n^{(j)} w_n^{(j)} \tag{12.40}$$

很多情况下只能从重要性密度函数 $\pi(\boldsymbol{X}_n)$ 抽样产生样本 $\boldsymbol{\chi} = [\boldsymbol{x}_n^{(1)} \cdots \boldsymbol{x}_n^{(M)}]$, 其对应的权值为

$$w_n^{(i)} = \frac{p(\boldsymbol{x}_n^{(i)})}{q(\boldsymbol{x}_n^{(i)})} \tag{12.41}$$

因此, PF 方法可归纳为如下步骤:

(1) 根据状态量的初始分布 $\pi(\boldsymbol{X}_0)$ 抽样产生 M 个粒子 $\boldsymbol{\chi} = [\boldsymbol{x}_0^{(1)} \cdots \boldsymbol{x}_0^{(M)}]$。

(2) 根据重要性密度函数 $\pi(\boldsymbol{x}_n|\boldsymbol{x}_{n-1}, \boldsymbol{y}_{1:n})$ 抽样产生 M 个粒子 $\boldsymbol{\chi} = [\boldsymbol{x}_n^{(1)} \cdots \boldsymbol{x}_n^{(M)}]$。

(3) 计算各粒子对应的权值 $w_n^{*(i)} = w_{n-1}^{(i)} \dfrac{p(\boldsymbol{y}_n|\boldsymbol{x}_n^{(i)})p(\boldsymbol{x}_n^{(i)}|\boldsymbol{x}_{n-1}^{(i)})}{q(\boldsymbol{x}_n^{(i)}|\boldsymbol{x}_{n-1}^{(i)}, \boldsymbol{y}_{1:n})}$。

(4) 根据公式 $w_n^{(i)} = \dfrac{w_n^{*(i)}}{\sum\limits_{j=1}^{M} w_n^{*(j)}}$ 归一化权值, 各粒子对应权值为 $\boldsymbol{W} = [w_n^{(1)} \cdots w_n^{(M)}]$。

(5) 根据粒子机器对应权值计算滤波结果, 并从步骤 (2) 开始重复过程。

3. 扩展卡尔曼粒子滤波器设计

为提高组合导航系统定位精度, 常用不同滤波方法处理定位数据。尽管无迹卡尔曼滤波 (unscented Kalman filter, UKF) 具有较高精度, 但其计算较复杂[15]; EKF 是一种次优滤波, 但其与最新测量值相结合, 通过连续高斯估计更新后验分布, 实现递归估计; PF 选择先验概率密度函数作为重要密度函数, 但其没有考虑当前测量值, 并且样本的重要性概率密度与真实的后验概率密度有很大不同[16,17]。因此, 本章采用 EKF 与 PF 结合的 EKPF 方法提高边界点定位精度。

定义 EKPF 的重要性概率密度函数为

$$q(\hat{\boldsymbol{X}}_k^i|\hat{\boldsymbol{X}}_{k-1}^i, \boldsymbol{Z}_k) = N(\hat{\boldsymbol{X}}_k^i, \hat{\boldsymbol{P}}_k^i) \tag{12.42}$$

式中, $\hat{\boldsymbol{X}}_k^i$ 为时刻 k 处的状态估计; $\hat{\boldsymbol{P}}_k^i$ 为时刻 k 处的方差估计; $\boldsymbol{Z}_k$ 为时刻 k 处的量测值。EKPF 可以得到较好的重要性概率密度函数, 并将先验分布向高可能性区域移动。对于具有高斯白噪声和量测噪声的弱非线性系统, EKPF 克服了现有的经典 PF 方法的问题。

定义 EKPF 的系统状态方程为

$$\begin{aligned}
\dot{\boldsymbol{X}}(t) &= \boldsymbol{F}(t)\boldsymbol{X}(t) + \boldsymbol{G}(t)\boldsymbol{W}(t) \\
&= f[\boldsymbol{X}(t),t] + \boldsymbol{G}(t)\boldsymbol{W}(t)
\end{aligned} \tag{12.43}$$

式中, $\boldsymbol{X}(t)$ 为 6×1 的系统状态向量; $\boldsymbol{W}(t)$ 为系统噪声向量; $\boldsymbol{F}(t)$ 为系统动态矩阵; $\boldsymbol{G}(t)$ 为系统噪声矩阵。将剔除异常定位数据后的飞行器位置和速度定位数据 $\boldsymbol{X}(t) = [x,y,z,\dot{x},\dot{y},\dot{z}]^{\mathrm{T}}$ 作为 EKPF 输入状态变量, 其中, x、y 与 z 分别为经度、纬度与高度数据; $\dot{x}$、$\dot{y}$ 与 $\dot{z}$ 分别为经度、纬度与高度方向的速度分量。

定义 EKPF 的系统量测方程为

$$\begin{aligned}
\boldsymbol{Z}(t) &= \boldsymbol{H}(t)\boldsymbol{X}(t) + \boldsymbol{v}(t) \\
&= h[\boldsymbol{X}(t),t] + \boldsymbol{v}(t)
\end{aligned} \tag{12.44}$$

式中, $\boldsymbol{Z}(t)$ 为观测向量; $\boldsymbol{H}(t)$ 为量测矩阵; $\boldsymbol{v}(t)$ 为观测噪声。离散化后的 EKPF 状态方程与量测方程为

$$\begin{cases}
\boldsymbol{X}_k = f[\boldsymbol{X}_{k-1}, k-1] + \boldsymbol{\Gamma}_{k-1}\boldsymbol{W}_{k-1} \\
\quad = \boldsymbol{\phi}_{k,k-1}\boldsymbol{X}_{k-1} + \boldsymbol{\Gamma}_{k-1}\boldsymbol{W}_{k-1} \\
\boldsymbol{Z}_k = h[\boldsymbol{X}_k, k] + \boldsymbol{V}_k = \boldsymbol{H}_k\boldsymbol{X}_k + \boldsymbol{V}_k
\end{cases} \tag{12.45}$$

式中, $\boldsymbol{\phi}_{k,k-1}$ 为状态转移矩阵; $\boldsymbol{\Gamma}_{k-1}$ 为噪声驱动矩阵; $\boldsymbol{W}_{k-1}$ 为系统噪声, 其协方差矩阵为 $\boldsymbol{Q}_{k-1}$; $\boldsymbol{V}_k$ 为观测噪声, 其协方差矩阵为 $\boldsymbol{R}_k$。观测值中只获取位置信息, 因此, $\boldsymbol{H}_k = [\boldsymbol{I}_{3\times3} \quad \boldsymbol{O}_{3\times3}]^{\mathrm{T}}$。EKPF 的输出即为滤波优化后定位数据。

EKPF 算法主要流程如下:

(1) 初始化: 对先验概率采样并生成粒子 X_k^i $(i = 1,2,\cdots,N)$。所有粒子都服从先验概率分布 $p(\boldsymbol{X}_0)$, 即 $X_k^i \sim p(\boldsymbol{X}_0)$。设置粒子权重为 $\omega_0^i = 1/N$ 且 $\hat{P}_0^i = \mathrm{var}(\boldsymbol{X}_0)$。

(2) 使用 EKF 更新粒子: 离散的非线性 EKF 方程为

$$\begin{cases}
\boldsymbol{X}_{k/k-1}^i = \boldsymbol{\phi}_{k,k-1}\hat{\boldsymbol{X}}_{k-1} + \{f[\boldsymbol{X}_{k-1}^i, t_{k-1}^i]\}T \\
\hat{\boldsymbol{X}}_k^i = \hat{\boldsymbol{X}}_{k/k-1}^i + \delta\hat{\boldsymbol{X}}_k^i \\
\delta\hat{\boldsymbol{X}}_k^i = \boldsymbol{K}_k\{\boldsymbol{Z}_k - h[\hat{\boldsymbol{X}}_{k/k-1}^i, k]\} \\
\boldsymbol{K}_k = \boldsymbol{P}_{k/k-1}^i(\boldsymbol{H}_k^i)^{\mathrm{T}}[\boldsymbol{H}_k^i\boldsymbol{P}_{k/k-1}^i(\boldsymbol{H}_k^i)^{\mathrm{T}} + \boldsymbol{R}_k]^{-1} \\
\boldsymbol{P}_{k/k-1}^i = \boldsymbol{\phi}_{k,k-1}\boldsymbol{P}_{k-1}\boldsymbol{\phi}_{k,k-1}^{\mathrm{T}} + \boldsymbol{Q}_{k-1} \\
\hat{\boldsymbol{P}}_k^i = (\boldsymbol{I} - \boldsymbol{K}_k\boldsymbol{H}_k^i)\boldsymbol{P}_{k/k-1}^i(\boldsymbol{I} - \boldsymbol{K}_k\boldsymbol{H}_k^i)^{\mathrm{T}} + \boldsymbol{K}_k\boldsymbol{R}_k\boldsymbol{K}_k^{\mathrm{T}}
\end{cases} \tag{12.46}$$

(3) 生成新粒子: $\boldsymbol{X}_k^i \sim q(\hat{\boldsymbol{X}}_k^i | \boldsymbol{X}_{k-1}^i, \boldsymbol{Z}_k) = N(\hat{\boldsymbol{X}}_k^i, \hat{\boldsymbol{P}}_k^i)$。

(4) 计算新粒子权重: $\hat{\omega}_k^i = \omega_{k-1}^i \dfrac{p(\boldsymbol{Z}_k | \hat{\boldsymbol{X}}_k^i)p(\hat{\boldsymbol{X}}_k^i | \boldsymbol{X}_{k-1}^i)}{q(\hat{\boldsymbol{X}}_k^i | \boldsymbol{X}_{k-1}^i, \boldsymbol{Z}_{1:k})}$。

(5) 归一化权重: $\tilde{\omega}_k^i = \hat{\omega}_k^i \left(\displaystyle\sum_{j=1}^{N}\hat{\omega}_k^j\right)^{-1}$。

(6) 状态估计: $\hat{\boldsymbol{X}}_k = \dfrac{1}{N} \displaystyle\sum_{i=1}^{N} \tilde{\omega}_k^i \boldsymbol{X}_k^i$。

(7) 重采样。

12.6　复杂地形边界与面积在线估计方法

图 12.5 为复杂地形边界与面积在线估计算法流程图。估计算法主要包含边界点弧段判断、边界点编号判断、边界点凹凸判断、凸点面积计算、生成预估计地形、

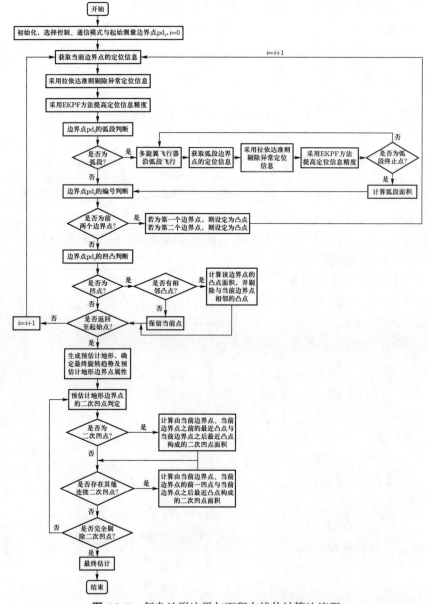

图 12.5　复杂地形边界与面积在线估计算法流程

预估计地形边界点的二次凹点判断以及最终估计等过程。

在高斯平面坐标系中, 定义所有边界点的数据格式为: $\mathrm{pd}_i=(x_i,y_i,\mathrm{yaw}_i,\mathrm{mark}_i)$, $i=1,2,\cdots,n$。x_i 与 y_i 分别为高斯平面坐标系中边界点的位置 (飞行器初始位置默认为坐标原点); yaw_i 为飞行器由边界点 i 到 $i+1$ 的偏航角 (偏航角范围为 $-179°\sim-180°$, 定义飞行器前向飞行时的初始偏航角为 $0°$); mark_i 为边界点 i 的凹、凸点标记。估计算法根据边界点的选择顺序不同, 分为顺时针估计与逆时针估计两种 (图 12.6 为边界点顺时针选择的简化算法示意, 图 12.7 为边界点逆时针选择的简化算法示意), 因此, 在边界点弧段判断及地形边界与面积的最终估计过程中, 分别引入了各自的判断规则:

(1) 边界点属性设置: 若当前边界点为待估计地形的前两个边界点 (如图 12.6 与图 12.7 中的 pd_1 与 pd_2), 则设定该边界点为凸点; 由前两个边界点的偏航角与位置关系确定初始旋转趋势 (顺时针或逆时针)。

(2) 边界点凹凸判断: 若当前边界点旋转趋势与初始旋转趋势不一致, 则该边界点为凹点 (如图 12.6 与图 12.7 中的 pd_3 等); 若当前边界点旋转趋势与初始旋转趋势一致, 则该边界点为凸点 (如图 12.6 与图 12.7 中的 pd_4 等)。

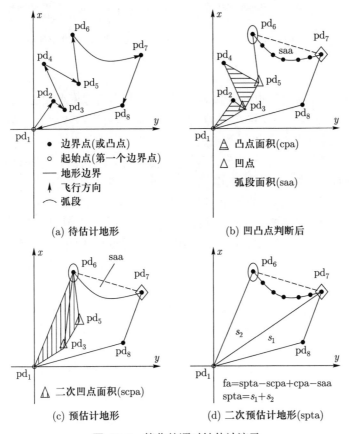

图 12.6　简化的顺时针估计演示

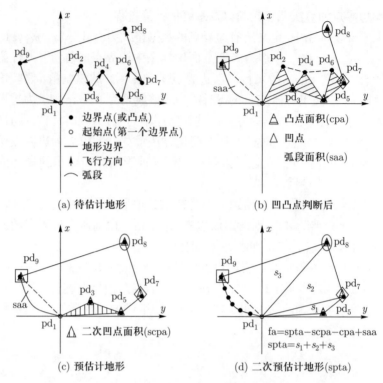

图 **12.7**　简化的逆时针估计演示

(3) 凸点面积: 若当前边界点为凹点, 且存在与当前边界点相邻凸点 (如图 12.6 与图 12.7 中的 pd_2), 则 PC 端地面控制系统计算由当前边界点、与当前边界点相邻凸点、与当前边界点相邻凸点的前一边界点构成的凸点面积 (如图 12.6 与图 12.7 中的横向阴影部分 cpa。若当前边界点前存在多个凸点, 则采用相同方法依次计算凸点面积), 并从待估计地形中剔除当前边界点之前的凸点。

(4) 预估计地形边界点的二次凹点判断: 若预估计地形中的边界点旋转趋势与待估计地形的最终旋转趋势相同, 则该边界点为凸点, PC 端地面控制系统在待估计地形中保留当前边界点; 若趋势不同, 则该边界点为二次凹点 (图 12.6 中的 pd_3)。PC 端地面控制系统将计算由当前边界点、当前边界点之前的最近凸点与当前边界点之后最近凸点构成的二次凹点面积 (图 12.6 中的竖向阴影部分 scpa。若当前边界点之后存在多个二次凹点, 则依次计算由当前边界点、当前边界点的前一凹点与当前边界点之后最近凸点构成的二次凹点面积), 并从预估计地形中剔除当前边界点。

(5) 最终估计: PC 端地面控制系统生成二次预估计地形, 并计算二次预估计地形面积, 然后得到最终的待估计地形边界与面积估计结果 (fa)。

12.7 实际验证实验及结果分析

12.7.1 实验过程

实际的飞行实验验证了 EKPF 方法的有效性、在线估计算法的准确性以及基于 SINS/双 GPS 的组合导航系统具有较高的定位精度。表 12.1 为 Google Earth 中待估计地形边界点的位置数据。实验使用德国 MikroKopter 公司的 Hexa 系列六旋翼飞行器作为实验平台,共进行 10 组实验。实验当天南风风速 $0.8 \sim 3.6$ m/s,待估计地形周围无任何障碍物,飞行器飞行高度为 3 m,速度为 $1 \sim 3$ m/s,飞行器在每个边界点悬停 1 min,获取 240 个定位数据,EKPF 采样周期 $T = 250$ ms。考虑算法的运算速度与应用的方便性,选择粒子数 $N = 500$,$\boldsymbol{Q}_{k-1}$ 与 $\boldsymbol{R}_k$、$\phi_{k,k-1}$ 与 $\boldsymbol{\Gamma}_{k-1}$ 分别为:

$$\boldsymbol{Q}_{k-1} = \begin{bmatrix} 0.000\,2 & 0 & 0 \\ 0 & 0.000\,2 & 0 \\ 0 & 0 & 0.000\,2 \end{bmatrix}, \quad \boldsymbol{R}_k = \begin{bmatrix} 0.000\,9 & 0 & 0 \\ 0 & 0.000\,8 & 0 \\ 0 & 0 & 0.000\,3 \end{bmatrix} \tag{12.47}$$

$$\phi_{k,k-1} = \begin{bmatrix} \boldsymbol{I}_{3\times3} & \boldsymbol{O}_{3\times3} \\ \boldsymbol{O}_{3\times3} & T \cdot \boldsymbol{I}_{3\times3} \end{bmatrix}, \quad \boldsymbol{\Gamma}_{k-1} = \begin{bmatrix} T \cdot \boldsymbol{I}_{3\times3} \\ \dfrac{T^2}{2} \cdot \boldsymbol{I}_{3\times3} \end{bmatrix} \tag{12.48}$$

表 12.1 边界点的位置数据

边界点	纬度	经度
pd$_1$	41°16′00.09″	123°02′44.18″
pd$_2$	41°16′03.85″	123°02′46.90″
pd$_3$	41°16′04.50″	123°02′42.47″
pd$_4$	41°16′06.73″	123°02′42.49″
pd$_5$	41°16′02.83″	123°02′35.94″
pd$_6$	41°15′59.22″	123°02′33.62″
pd$_7$	41°15′56.78″	123°02′38.42″
弧段起点	41°15′59.22″	123°02′33.62″
弧段终点	41°15′56.78″	123°02′38.42″

12.7.2 扩展卡尔曼粒子滤波提高定位精度实验结果分析

从 10 组实验结果中选择一组进行 EKPF,滤波前后经纬度定位数据的对比如图 12.8 所示。由于不知道当前边界点的实际精确位置,因此将定位数据的经纬度平均值作为该点的参考位置。图 12.8 中，实线为滤波前的定位数据相对于参考位置的绝对误差，虚线为使用 EKPF 优化后的各点绝对误差。经过 EKPF 修正后的绝对误差显著减小，定位精度达到亚米级。

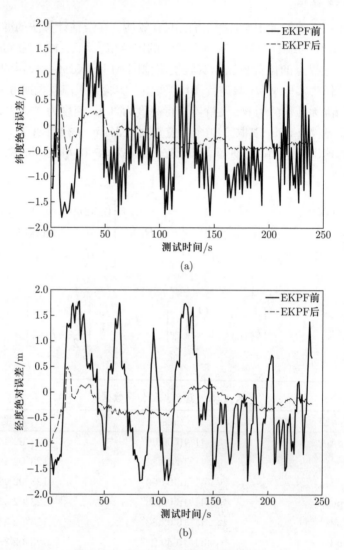

图 **12.8** EKPF 前后的定位精度对比

12.7.3 在线估计算法精度实验结果分析

估计算法采用航线法获取最终的地形边界与面积估计。图 12.9 与图 12.10 分别给出了实际飞行实验的结果。经过实地测量，待估计地形的实际面积为 34 845.471 3 m²。表 12.2 给出了 10 组实验的地形面积估计结果，算法经过计算后得出的面积估计平均结果为 34 982.508 1 ± 294.930 9 m²，平均误差为 0.384% ± 0.878。与使用 Google

Earth 与 Google Map 等方法相比, 该算法精度提高了 $5.5\% \sim 6\%$; 与王陈陈等[18] 提出的方法相比, 该算法精度提高了 $1\% \sim 3.6\%$。

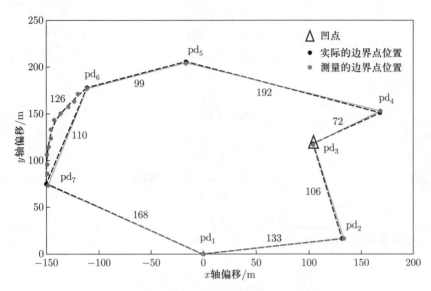

图 12.9 实际飞行实验结果

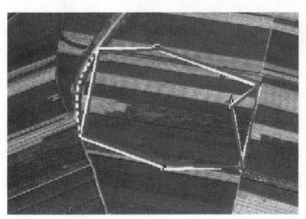

- 边界点的实际位置
- 测量的边界点位置
- 由算法得到的边界点位置
- 估计的地形边界

图 12.10 Google Earth 中的实际飞行实验结果 (参见书后彩图)

表 12.2　地形面积估计结果

实验编号	面积估计/m²	误差/%
1	35 173.715 6	+0.942
2	35 153.505 3	+0.884
3	35 227.970 0	+0.977
4	34 540.921 9	−0.874
5	35 168.140 4	+0.926
6	34 526.983 7	−0.887
7	35 183.123 9	+0.969
8	35 156.292 9	+0.892
9	35 163.262 0	+0.912
10	34 531.165 2	−0.902
平均	34 982.508 1 ± 294.930 9	0.384 ± 0.878

注: 平均面积估计和平均误差均使用 "均值 ± 标准差" 表示。

思考题

1. 简述 EKF 算法与 PF 算法各自的基本思想原理及优缺点。
2. 简述 EKPF 算法的主要流程。

第 13 章　基于半自主导航与脑电控制的二维空间目标搜索

13.1　引言

尽管第 12 章使用 SINS/双 GPS 相对伪距差分定位系统实现了多旋翼飞行器的室外精确定位, 但是, GPS 无法完成室内定位, SINS 无法单独完成长时间精确定位, 基于视觉的全自主导航系统无法在没有预先规划的前提下立即识别障碍物, 并且无法在交叉路口处做出瞬时决策。通常, 操作者需用双手操控飞行器, 这导致其无法同时完成更多的控制任务。此外, 由于实际应用中存在无法预测的复杂性, 有时需要人为控制的介入, 然而, 不同操作者的操作水平不同, 往往对飞行器的控制产生不同影响。因此, 如何引入更加智能、稳定且易于操作的控制模式, 成为多旋翼飞行器实现目标搜索定位的关键。为克服全自主导航系统在目标搜索中的缺陷, 使操作者可同时完成更多的控制任务, 并引入更加智能、稳定且易于操作的控制模式, 本章提出了用于多旋翼飞行器二维空间目标搜索的脑机接口 (BCI) 系统。该系统包含半自主导航子系统与通过分析采集至 6 导联的左、右手运动想象 (MI) 任务的脑电图 (EEG) 特征而建立的决策子系统。其采用改进的互相关 (CC) 方法完成 MI 特征提取, 采用逻辑回归 (LR) 方法完成 MI 特征分类与决策。半自主导航子系统为决策子系统提供可行飞行方向并依据可行飞行方向实现飞行器半自主避障。为体现使用的特征提取与分类方法的有效性, 本章详细描述了共空间模式 (comomn spatial pattern, CSP)、Fisher 共空间谱模式 (Fisher's common spatio-spectral pattern, FCSSP) 以及迭代空间谱模式学习 (iterative spatio-spectral pattern learning, ISSPL) 方法, 并给出了比较结果。

13.2　构建脑机接口系统

13.2.1　脑电信号

人在休息、清醒时的宏观大脑活动包括位于不同脑部皮质区的不同 "放松" 节律, 例如: 枕部 α 节律 (8~12 Hz), 均可以通过测量视觉皮层获得[19]; 中央沟周围的感觉运动皮层表现出有节奏的宏观脑电振荡 (μ 节律), 其大约具有 9~14 Hz (主要位于中央后躯体感觉皮层) 与约 20 Hz (中央前运动皮层) 谱峰值能量[20]。如果在测试过程中闭上双眼, 那么枕部 α 节律相当突出且可在原始 EEG 中用肉眼观测到。相比之下, μ 节律具有较弱的幅度且仅能在进行适当信号处理后才能观测到, 而有些人在其头皮 EEG 信号中无法观测到 μ 节律。事实上, 真实的运动、运动想象以及体感刺激均能调节 μ 节律。处理运动指令与体感刺激引起了事件相关去同步 (ERD) 节律活动的衰减, 同时引起了事件相关同步 (ERS) 节律活动的增加。对于 BCI 系统来说, 最重要的事实是: ERD 可以由健康人群通过运动想象引起, 也可以由残障人群通过有意的活动引起[21]。图 13.1 为健康人群左、右手运动想象过程中的事件相关去同步。为了从大脑活动中区分不同运动想象的意图, 其最主要任务是区分感觉运动节律调节的不同空间位置。由于运动想象与体感皮质区为拓扑排列, 因此, 这些位置均对应人体相应的部位。图 13.2 与表 13.1 分别给出了用于 EEG 采集的国际 10–20 系统电极分布与电极名称列表。

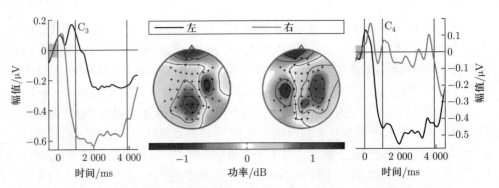

图 13.1 左、右手运动想象过程中的事件相关去同步 (参见书后彩图)

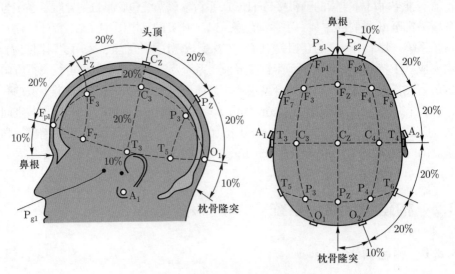

图 13.2 国际 10–20 系统电极分布

表 13.1   国际 10–20 系统电极名称列表

电极名称	部位	部位英文名称
F_{p1}, F_{p2}	前额	Frontal pole
F_7, F_8	侧额	Inferior frontal
F_3, F_z, F_4	额	Frontal
T_3, T_4	颞	Temporal
C_3, C_z, C_4	中央	Central
T_5, T_6	后颞	Posterior temporal
P_3, P_z, P_4	顶	Parietal
O_1, O_2	枕	Occipital
A_1, A_2	耳	Auricular

13.2.2   脑机接口系统

图 13.3 为用于多旋翼飞行器二维空间目标搜索的 BCI 系统结构。该 BCI 系统由决策子系统与半自主导航子系统组成。在虚拟环境与实际环境中, 操作者通过执行 MI 任务 (左手、右手以及空闲) 控制飞行器飞行。首先, MI 数据 (EEG 信号) 被采集并输入决策子系统。然后, 采集到的 EEG 信号经过预处理方法去除伪迹, 采用改进的 CC 方法从预处理后的 EEG 信号中提取有用信息。最后, 决策子系统通过 LR 方法得到分类结果。分类结果被转换成相应的控制指令, 并通过 Wi-Fi 发送至飞行器。半自主导航子系统提取飞行器的前方环境特征为决策子系统提供可行的飞行方向并依据可行的飞行方向实现飞行器半自主避障。飞行器将获取的实时视频与可行飞行方向通过 Wi-Fi 发送并显示在显示器上。操作者依据提示执行相应 MI 任务完成飞行器的连续控制。

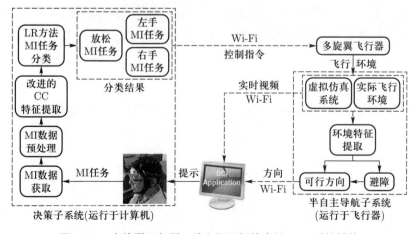

图 13.3   多旋翼飞行器二维空间目标搜索的 BCI 系统结构

BCI 系统使用 AR.Drone 2.0 飞行器实现二维空间目标搜索, 其具有运行 Linux 2.6.32 系统的 ARM9 控制器、气压计、三轴陀螺仪、三轴加速度计、三轴磁力计以及前向 90° CMOS 摄像头。此外, 其配置有一个距离测量误差为 1% 的 URG-04LX 二维激光测距仪。二维激光测距仪测量 4 m 半径范围内的正向 180° 扇面内的环境信息, 用于为决策子系统提供可行的飞行方向并依据可行飞行方向实现飞行器半自主避障。

13.2.3 运动想象特征提取

MI 特征提取的主要目的是获取 BCI 系统受试者的大脑活动模式。由于从不同电极获取的 EEG 信号是紧密相关的, 因此, 它们无法提供有关神经元电活动的独立信息。此外, 从不同头皮区域获得的 EEG 信号不能提供可区分的同等信息量, 并且无法直接应用在 BCI 系统中。

13.2.3.1 共空间模式

CSP 方法的目的在于寻找线性空间滤波器以提取相应的某一特定 MI 任务的 EEG 信号。所有采集到的 EEG 信号由矩阵表示, 矩阵的每行代表采集到的每个通道的 EEG 信号。定义训练集为 $(\boldsymbol{X}^{(j)}, y_j)$, 其中, $\boldsymbol{X}^{(j)}$ 为采集的 EEG 信号, y_j 为该 EEG 信号对应的分类标签。假设 $\boldsymbol{u}$ 为列向量, 其长度与 EEG 信号通道数相同。EEG 信号 $\boldsymbol{X}$ 可以使用 $\boldsymbol{u}^{\mathrm{T}}$ 将其空间滤波为一个单通道信号 $\boldsymbol{u}^{\mathrm{T}}\boldsymbol{X}$, 该信号的能量为 $\boldsymbol{u}^{\mathrm{T}}(\boldsymbol{X}\boldsymbol{X}^{\mathrm{T}})\boldsymbol{u}$。如果训练集中包含 1 与 2 两种 MI 任务分类, 则训练集中经过滤波后的两种 MI 任务分类的信号平均能量分别为 $\boldsymbol{u}^{\mathrm{T}}\boldsymbol{R}_1\boldsymbol{u}$ 与 $\boldsymbol{u}^{\mathrm{T}}\boldsymbol{R}_2\boldsymbol{u}$, 其中:

$$\boldsymbol{R}_c = \frac{1}{n_c} \sum_{\substack{j=1 \\ y_j=c}}^{n} \boldsymbol{X}^{(j)} \boldsymbol{X}^{(j)\mathrm{T}} \tag{13.1}$$

式中, $c = 1, 2$; n_c 为 MI 任务 c 的训练集数量; n 为训练集的总数量。CSP 方法中, 可通过最大化下述目标函数的方法估计空间滤波器:

$$J_c(\boldsymbol{u}) = \frac{\boldsymbol{u}^{\mathrm{T}}\boldsymbol{R}_c\boldsymbol{u}}{\boldsymbol{u}^{\mathrm{T}}\boldsymbol{R}\boldsymbol{u}} \tag{13.2}$$

式中, $\boldsymbol{R} = \boldsymbol{R}_1 + \boldsymbol{R}_2$。$J_c$ 为瑞利商的形式, 其用于解决广义特征值的最大化问题:

$$\boldsymbol{R}_c\boldsymbol{u} = \lambda\boldsymbol{R}\boldsymbol{u} \tag{13.3}$$

假设特征值按降序排列, 则式 (13.3) 的第一个特征向量可以作为相应 MI 任务 c 的空间滤波器。为了实现新信号 $\boldsymbol{X}$ 的分类, 信号的能量或对数形式的能量可以被用作分类特征。通常, 由于估计多个空间滤波器可以显著提高分类精度, 因此, 对应于式 (13.3) 最大特征值的几个特征向量被选为 MI 任务 c 的空间滤波器。针对普通的特征值问题 $(\boldsymbol{R} = \boldsymbol{I})$, 每个特征向量在垂直于之前特征向量的子空间中最大

化 $J_c(\boldsymbol{u})$[22]。对于广义特征分解, 式 (13.3) 的特征向量相对于 $\boldsymbol{R}_c$ 与 $\boldsymbol{R}$ 均为共轭。将两个相对于 $\boldsymbol{R}_c$ 为共轭的特征向量 $\boldsymbol{u}_k$ 与 $\boldsymbol{u}_l$ 代入式 (13.1) 可得

$$
\begin{aligned}
\boldsymbol{u}_k^{\mathrm{T}} \boldsymbol{R}_c \boldsymbol{u}_l &= \frac{1}{n_c} \sum_{\substack{j=1 \\ y_j=c}}^{n} \boldsymbol{u}_k^{\mathrm{T}} \boldsymbol{X}^{(j)} \boldsymbol{X}^{(j)\mathrm{T}} \boldsymbol{u}_l \\
&= \frac{1}{n_c} \sum_{\substack{j=1 \\ y_j=c}}^{n} \mathrm{cor}(\boldsymbol{u}_k^{\mathrm{T}} \boldsymbol{X}^{(j)}, \boldsymbol{u}_l^{\mathrm{T}} \boldsymbol{X}^{(j)}) = 0
\end{aligned}
\tag{13.4}
$$

式中, $\mathrm{cor}(\boldsymbol{x}, \boldsymbol{y}) = \boldsymbol{x}\boldsymbol{y}^{\mathrm{T}}$ 表示两个一维信号 $\boldsymbol{x}$ 与 $\boldsymbol{y}$ 之间的相关性; $\boldsymbol{u}_k \boldsymbol{X}^{(j)}$ 与 $\boldsymbol{u}_l \boldsymbol{X}^{(j)}$ 分别为使用滤波器 $\boldsymbol{u}_k$ 与 $\boldsymbol{u}_l$ 滤波后的信号。对于具有独立同分布采样的零均值高斯信号, 期望的零相关表明在每个给定时刻的信号采样是独立的。但是, 由于在使用 CSP 方法前, 信号经过带通滤波, 这仅能保证信号具有零均值。然而, 零均值相关至少可看作各时刻近似独立, 因此, CSP 方法寻找用于提取每个动作瞬时独立信息源的滤波器。通过瞬时独立, 我们认为各时刻的信号值是独立的, 而对整体信号是非独立的。在得到空间滤波器后, 滤波后信号的能量或对数形式的能量作为分类器的输入, 如 $f_j = \log[\boldsymbol{u}^{\mathrm{T}}(\boldsymbol{X}^{(j)} \boldsymbol{X}^{(j)\mathrm{T}})\boldsymbol{u}]$。

13.2.3.2 共空间谱模式

采集到的 EEG 信号通常经过时域与空间域滤波。CSP 方法中, 谱滤波通常作为预处理过程, 滤波频带大多通过实验选择。由于受试者的差异, 其造成滤波频带因人而异, 因此, 需要设计一种能够适应不同受试者的滤波频带自动选择方法。CSP 作为一个优化过程, 其除了可以寻找空间滤波器外, 还可被推广到选择合适的频带。为实现该过程, 使用离散傅里叶变换 (DFT) 方法将数据转换至频域使用[23]。

假设采集至多通道的信号 $\boldsymbol{X}$ 经过向量 $\boldsymbol{u}$ 实现空间滤波。依据 Parseval 定理, 可得到一维信号 $\boldsymbol{u}^{\mathrm{T}} \boldsymbol{X}$ 的能量与其 DFT 之间的关系:

$$
\begin{aligned}
\boldsymbol{u}^{\mathrm{T}} \boldsymbol{X} \boldsymbol{X}^{\mathrm{T}} \boldsymbol{u} &= e(\boldsymbol{u}^{\mathrm{T}} \boldsymbol{X}) = \frac{1}{L} e(\mathrm{DFT}\{\boldsymbol{u}^{\mathrm{T}} \boldsymbol{X}\}) \\
&= \frac{1}{L} \boldsymbol{u}^{\mathrm{T}} \mathrm{DFT}\{\boldsymbol{X}\} \mathrm{DFT}\{\boldsymbol{X}\}^{\mathrm{H}} \boldsymbol{u}
\end{aligned}
\tag{13.5}
$$

式中, $e(\cdot)$ 为一维信号的能量; $\mathrm{DFT}\{\cdot\}$ 表示信号 $\boldsymbol{X}$ 的逐行 DFT; $(\cdot)^{\mathrm{H}}$ 为矩阵的共轭转置。令 $\boldsymbol{F} = \mathrm{DFT}\{\boldsymbol{X}\}$ 且 $\boldsymbol{F}_1, \boldsymbol{F}_2, \cdots, \boldsymbol{F}_L$ 为 $\boldsymbol{F}$ 的列; $\phi_1, \phi_2, \cdots, \phi_L$ 为谱滤波器的 DFT 系数; $\boldsymbol{\phi}$ 为 DFT 系数的对角矩阵, 即 $\boldsymbol{\phi} = \mathrm{diag}(\phi_1, \phi_2, \cdots, \phi_L)$。则滤波后信号的 DFT 为 $\boldsymbol{F}\boldsymbol{\phi}$, 且其能量为

$$
\begin{aligned}
e(\boldsymbol{u}^{\mathrm{T}} \boldsymbol{F} \boldsymbol{\phi}) &= \boldsymbol{u}^{\mathrm{T}} (\boldsymbol{F} \boldsymbol{\phi} \boldsymbol{\phi}^{\mathrm{H}} \boldsymbol{F}^{\mathrm{H}}) \boldsymbol{u} = \boldsymbol{u}^{\mathrm{T}} (\boldsymbol{F} |\boldsymbol{\phi}|^2 \boldsymbol{F}^{\mathrm{H}}) \boldsymbol{u} \\
&= \boldsymbol{u}^{\mathrm{T}} \left(\sum_{k=1}^{L} |\phi_k|^2 \boldsymbol{F}_k \boldsymbol{F}_k^{\mathrm{H}} \right) \boldsymbol{u}
\end{aligned}
\tag{13.6}
$$

为了规范空间谱通用框架, 引入 Fisher 准则:

$$J_c(\boldsymbol{u}, \boldsymbol{\phi}) = \frac{(\mu_c - \mu_{\tilde{c}})^2}{\sigma_c^2 + \sigma_{\tilde{c}}^2} \tag{13.7}$$

$$\mu_c = \frac{1}{n_c} \sum_{\substack{j=1 \\ y_j=c}}^{n} f_j \tag{13.8}$$

$$\sigma_c^2 = \frac{1}{n_c} \sum_{\substack{j=1 \\ y_j=c}}^{n} (f_j - \mu_c)^2 \tag{13.9}$$

式中, μ_c 与 σ_c^2 分别为滤波后属于分类 c 的信号能量 (或对数形式能量) 的均值与方差; $\mu_{\tilde{c}}$ 与 $\sigma_{\tilde{c}}^2$ 分别为滤波后属于分类 $\tilde{c}$ 的信号能量 (或对数形式能量) 的均值与方差; 由式 (13.6) 可知, J_c 为空间滤波器和谱滤波器 $(\boldsymbol{u}, \boldsymbol{\phi})$ 的函数。经过滤波器 $\boldsymbol{u}$ 与 $\boldsymbol{\phi}$ 后提取到的信号与之前经过滤波器 $\boldsymbol{u}_1$ 与 $\boldsymbol{\phi}_1$ 后提取到的信号之间的平均零相关不再是线性约束, 其表达式为

$$\sum_{\substack{j=1 \\ y_j=c}}^{n} \boldsymbol{u}^{\mathrm{T}} \boldsymbol{F}^{(j)} \boldsymbol{\phi} \boldsymbol{\phi}_1 \boldsymbol{F}^{(j)} \boldsymbol{u}_1 = 0 \tag{13.10}$$

式中, $\boldsymbol{F}^{(j)} = \mathrm{DFT}\{\boldsymbol{X}^{(j)}\}$。假设上述两信号一同经过 $\boldsymbol{\phi}_1$ 谱滤波, 再经过 $\boldsymbol{u}$ 与 $\boldsymbol{u}_1$ 滤波后是不相关的, 则式 (13.10) 可近似为:

$$\boldsymbol{u}^{\mathrm{T}} \left(\sum_{\substack{j=1 \\ y_j=c}}^{n} \boldsymbol{F}^{(j)} \boldsymbol{\phi}_1 \boldsymbol{\phi}_1 \boldsymbol{F}^{(j)} \boldsymbol{u}_1 \right) = 0 \tag{13.11}$$

谱滤波器的初始值通常选择较宽的频带范围, 空间滤波器的初始值可通过标准 CSP 方法获取。为避免出现过度拟合, 将最终得到的谱滤波器使用高斯平滑窗处理。依据交叉验证得到的最高分类精度可获得平滑窗长度 (例如: 谱滤波器长度的 $1/30 \sim 1/20$)。

13.2.3.3　迭代空间谱模式学习

1. 学习空间滤波器

在每次迭代过程中, 使用标准 CSP 方法生成空间滤波器。为了最大限度地提高频带功率特征的可分辨性, 算法利用空间协方差矩阵的特征结构寻找低维线性子空间。该子空间中的两组数据的功率比可以被最大化。定义训练集为 D、EEG 数据矩阵为 $\boldsymbol{X} \in \mathbb{R}^{D \times T}$ (D 为通道数, T 为单次训练的离散时间点个数)、时间滤波器 $\boldsymbol{A}_j \in \mathbb{R}^{T \times T}$ 以及空间滤波器 $\boldsymbol{s}_j \in \mathbb{R}^D$, 则该 EEG 数据经过 j 次滤波后的频带功率特征成分为

$$\phi_j(\boldsymbol{X}; \boldsymbol{A}_j, \boldsymbol{s}_j) = \|\boldsymbol{s}_j^{\mathrm{H}} \boldsymbol{X} \boldsymbol{A}_j\|_2^{\mathrm{H}}$$
$$= \boldsymbol{s}_j^{\mathrm{H}} \boldsymbol{X} \boldsymbol{A}_j \boldsymbol{A}_j^{\mathrm{H}} \boldsymbol{X}^{\mathrm{H}} \boldsymbol{s}_j \tag{13.12}$$

式中, $j = 1, \cdots, m$; 上标 H 代表共轭转置。使用 $\boldsymbol{R}_{j+}$ 与 $\boldsymbol{R}_{j-}$ 分别表示属于两个分类的平均空间协方差矩阵, 即

$$\boldsymbol{R}_{j+/-} = \langle \boldsymbol{X} \boldsymbol{A}_j \boldsymbol{A}_j^{\mathrm{H}} \boldsymbol{X}^{\mathrm{H}} \rangle_{+/-} \tag{13.13}$$

式中, $\langle \cdot \rangle_k$ 为训练集 D 中分类 k 的多次实验整体平均算子。CSP 方法旨在寻找两个相互垂直的空间映射, 并最大化下述两个功率比:

$$\frac{\boldsymbol{s}^{\mathrm{H}} \boldsymbol{R}_{j+} \boldsymbol{s}}{\boldsymbol{s}^{\mathrm{H}} \boldsymbol{R}_{j-} \boldsymbol{s}}, \quad \frac{\boldsymbol{s}^{\mathrm{H}} \boldsymbol{R}_{j-} \boldsymbol{s}}{\boldsymbol{s}^{\mathrm{H}} \boldsymbol{R}_{j+} \boldsymbol{s}} \tag{13.14}$$

为解决该优化问题, 原始 CSP 方法包括白化作为预处理过程。如果约束总功率在每个空间方向的投影是相同的, 那么相对于另一个分类, 空间映射将最大化当前分类的功率以及功率比。这样的空间映射可以简单地将每个分类的被白化空间协方差矩阵进行特征值分解而实现。实际上, 上述最优化问题被公认为具有广义瑞利商的形式。因此, 可以通过求解下面广义特征值问题来直接寻找最优空间映射:

$$\boldsymbol{R}_{j+} \boldsymbol{s} = \lambda \boldsymbol{R}_{j-} \boldsymbol{s} \tag{13.15}$$

式 (13.15) 中, 每个特征向量的可分辨性是由相应的特征值量测的。这种情况下, 可选择最大的 $m/2$ 个特征值对应的特征向量作为分类 "+" 的空间映射, 选择最小的 $m/2$ 个特征值对应的特征向量作为分类 "−" 的空间映射。定义这两类空间映射分别为 $\boldsymbol{S}_{j+}$ 与 $\boldsymbol{S}_{j-}$。如果每个空间映射被视作一个空间滤波器, 那么对于 m 个时间滤波器来说, 可以得到 m^2 个空间滤波器。为了避免在迭代过程中滤波器数量呈指数增加, 仅有 m 个空间滤波器被选择作为后续的每次迭代更新使用。如果使用 λ_{j+} 与 λ_{j-} 分别表示最大与最小特征值, 则 m 个空间滤波器的选择可描述为 $j^*+ = \arg\max_{j=1,\cdots,m} \lambda_{j+}$ 与 $j^*- = \arg\max_{j=1,\cdots,m} \lambda_{j-}$。

2. 学习谱滤波器以及分类器

由于空间与时间滤波的使用, 与空间滤波器相关的时间滤波器可通过被空间滤波后的 EEG 数据所更新。这意味着, 可将优化后的空间滤波器作用于原始数据, 然后基于空间滤波后的数据更新时间滤波器。对于一个时间滤波器 $\boldsymbol{A}_j$, 其可通过傅里叶变换实现对角化:

$$\boldsymbol{F}^{\mathrm{H}} \boldsymbol{A}_j = \operatorname{diag}([\alpha_j^{(1)}, \cdots, \alpha_j^{(T)}]) \boldsymbol{F}^{\mathrm{H}} \tag{13.16}$$

式中, $\boldsymbol{F} \in \mathbb{R}^{T \times T}$ 为傅里叶矩阵, 其 (t, k) 个输入为 $\mathrm{e}^{-\sqrt{-1} 2\pi(t-1)(k-1)/T}/\sqrt{T}$, $k \geqslant 1$,

$t \leqslant T$; $\alpha_j^{(i)}$ $(i = 1, 2, \cdots, T)$ 为 $\boldsymbol{F}$ 的第 i 列特征值; $\operatorname{diag}([\alpha_j^{(1)}, \cdots, \alpha_j^{(T)}])$ 为对角矩阵, 其满足如下描述:

$$\boldsymbol{F}^{\mathrm{H}} \boldsymbol{A}_j (\boldsymbol{F}^{\mathrm{H}} \boldsymbol{A}_j)^{\mathrm{H}} = \operatorname{diag}([\alpha_j^{(1)}, \cdots, \alpha_j^{(T)}])(\boldsymbol{F}^{\mathrm{H}} \boldsymbol{F}) \cdot \operatorname{diag}^{\mathrm{H}}([\alpha_j^{(1)}, \cdots, \alpha_j^{(T)}])$$

$$= \operatorname{diag}([\beta_j^{(1)}, \cdots, \beta_j^{(T)}]) = \operatorname{diag}(\boldsymbol{\beta}_j) \tag{13.17}$$

式中, $\beta_j^{(i)} = |\alpha_j^{(i)}|^2$; $\boldsymbol{\beta}_j = [\beta_j^{(1)}, \cdots, \beta_j^{(T)}]^{\mathrm{H}}$ 表示由谱系数形成的相应第 j 个谱滤波器。式 (13.12) 可改写为

$$\phi_j(\boldsymbol{X}; \boldsymbol{A}_j, \boldsymbol{s}_j) = \boldsymbol{s}_j^{\mathrm{H}} \boldsymbol{X} \boldsymbol{A}_j \boldsymbol{A}_j^{\mathrm{H}} \boldsymbol{X}^{\mathrm{H}} \boldsymbol{s}_j$$

$$= \boldsymbol{s}_j^{\mathrm{H}} \boldsymbol{X} \boldsymbol{F} [\boldsymbol{F}^{\mathrm{H}} \boldsymbol{A}_j (\boldsymbol{F}^{\mathrm{H}} \boldsymbol{A}_j)^{\mathrm{H}}] \boldsymbol{F}^{\mathrm{H}} \boldsymbol{X}^{\mathrm{H}} \boldsymbol{s}_j$$

$$= \boldsymbol{s}_j^{\mathrm{H}} \hat{\boldsymbol{X}} \operatorname{diag}(\boldsymbol{\beta}_j) \hat{\boldsymbol{X}}^{\mathrm{H}} \boldsymbol{s}_j$$

$$= \sum_{i=1}^{T} \beta_j^{(i)} \boldsymbol{s}_j^{\mathrm{H}} \hat{\boldsymbol{x}}^{(i)} \hat{\boldsymbol{x}}^{(i)\mathrm{H}} \boldsymbol{s}_j \tag{13.18}$$

式 (13.18) 中, $\hat{\boldsymbol{X}} = \boldsymbol{X} \boldsymbol{F}$ 表示 DFT 后的数据矩阵, $\hat{\boldsymbol{x}}^{(i)}$ 为该矩阵的第 i 列。由于一个实值信号的 DFT 是以 T' 共轭对称的, 因此, 式 (13.18) 的第 4 行是以 T' 共轭对称的[24], 其中, $T' = \lceil T/2 \rceil$。式 (13.18) 可改写为

$$\phi_j(\boldsymbol{X}; \boldsymbol{\beta}_j, \boldsymbol{s}_j) = 2 \sum_{i=1}^{T'} \beta_j^{(i)} \boldsymbol{s}_j^{\mathrm{H}} \operatorname{Re}[\hat{\boldsymbol{x}}^{(i)} \hat{\boldsymbol{x}}^{(i)\mathrm{H}}] \boldsymbol{s}_j$$

$$= \sum_{i=1}^{T'} \beta_j^{(i)} \hat{z}_j^{(i)} \tag{13.19}$$

式中, $\operatorname{Re}[\cdot]$ 表示实部; $\hat{z}_j^{(i)}$ 为空间滤波后的数据在第 i 个频率点的功率。由式 (13.19) 可得, 为了给一个特征成分优化时间滤波器, 也可以优化其相应的谱滤波器[25]。对于所有时间滤波器的谱系数以及分类器而言, 它们可以同时进行参数化整合。因此, 结合式 (13.19), 分类器的判别函数可写为

$$o(\phi) = \boldsymbol{\omega}^{\mathrm{H}} \left[\sum_{i=1}^{T'} \beta_1^{(i)} \hat{z}_1^{(i)}, \cdots, \sum_{i=1}^{T'} \beta_m^{(i)} \hat{z}_m^{(i)} \right]^{\mathrm{H}} + b$$

$$= \sum_{j=1}^{m} \sum_{i=1}^{T'} \omega_j \beta_1^{(i)} \hat{z}_1^{(i)} + b \tag{13.20}$$

式中, $\boldsymbol{\omega} = [\omega_1, \cdots, \omega_m]^{\mathrm{H}}$ 为权重向量; b 为偏差。ISSPL 方法假设前 $m/2$ 个时空滤波器对应分类 "+", 后 $m/2$ 个时空滤波器对应分类 "−", 因此, 可得到如下两个关系式:

$$\left(\sum_{i=1}^{T'} \beta_j^{(i)} \hat{z}_j^{(i)}\right)_+ > \left(\sum_{i=1}^{T'} \beta_j^{(i)} \hat{z}_j^{(i)}\right)_-, \quad j = 1, \cdots, m/2 \tag{13.21}$$

$$\left(\sum_{i=1}^{T'} \beta_j^{(i)} \hat{z}_j^{(i)}\right)_+ < \left(\sum_{i=1}^{T'} \beta_j^{(i)} \hat{z}_j^{(i)}\right)_-, \quad j = 1 + m/2, \cdots, m \tag{13.22}$$

前 $m/2$ 个频带功率特征成分的分类器权重应该与后 $m/2$ 个频带功率特征成分的分类器权重相反, 例如满足条件: $\omega_1, \cdots, \omega_{m/2} \geqslant 0$ 与 $\omega_{1+m/2}, \cdots, \omega_m \leqslant 0$。由于 $\beta_j^{(i)} = |\alpha_j^{(i)}|^2$, 因此, 为了不失普遍性, 可定义:

$$\tilde{\omega}_j^{(i)} = \omega_j \beta_j^{(i)} \geqslant 0, \quad j = 1, \cdots, m/2, \quad i = 1, \cdots, T'$$
$$\tilde{\omega}_j^{(i)} = \omega_j \beta_j^{(i)} \leqslant 0, \quad j = 1 + m/2, \cdots, m, \quad i = 1, \cdots, T' \tag{13.23}$$

此外, 式 (13.20) 可改写为

$$o(\phi) = \tilde{\omega}^{\mathrm{H}} \hat{z} + b \tag{13.24}$$

$$\tilde{\omega} = [\tilde{\omega}_1^{(1)}, \cdots, \tilde{\omega}_1^{(T')}, \cdots, \tilde{\omega}_m^{(1)}, \cdots, \tilde{\omega}_m^{(T')}]^{\mathrm{H}}$$
$$\hat{z} = [\hat{z}_1^{(1)}, \cdots, \hat{z}_1^{(T')}, \cdots, \hat{z}_m^{(1)}, \cdots, \hat{z}_m^{(T)}]^{\mathrm{H}} \tag{13.25}$$

式中的 $\tilde{\omega}$ 与 b 用于参数化谱滤波器与分类器。由式 (13.24) 可知, 从训练集 D 中学习 $\tilde{\omega}$ 与 b 等同于求解一个线性约束分类问题。相对于可用的训练样本数量, $\tilde{\omega}$ 具有相对较高的维度 (mT'), 因此, ISSPL 方法采用最大间隔超平面来优化 $\tilde{\omega}$, 且最大间隔超平面应受到式 (13.23) 限制。为计算优化的 $\tilde{\omega}$ 与 b, 定义 n 次实验训练集为 $\{(\hat{z}_1, y_1), \cdots, (\hat{z}_n, y_n)\}$, 其中, y_k 为第 k 个实验的分类标签, $y_k = 1$ 对应分类 "+", $y_k = -1$ 对应分类 "–"。具体优化过程如下:

$$\min_{\tilde{\omega}} \frac{\|\tilde{\omega}\|_2^2}{2} + C \sum_{k=1}^{l} \xi_k$$
$$\text{s.t. } y_k(\tilde{\omega}^{\mathrm{H}} \hat{z}_k + b) + \xi_k \geqslant 1, \quad \xi_k \geqslant 0 \tag{13.26}$$
$$\tilde{\omega}_j \geqslant 0, \quad j = 1, \cdots, m/2$$
$$\tilde{\omega}_j \leqslant 0, \quad j = 1 + m/2, \cdots, m$$

式中, ξ_k 为松弛变量, 它用来容忍错误分类; $C > 0$ 为一个正则参数且为常量。使用文献 [25] 中方法可求得 $\tilde{\omega}$ 与 b。完成一次迭代, ISSPL 方法可得到 m 个空间滤波器以及 $\tilde{\omega}$ 与 b, 基于后续迭代可从 $\tilde{\omega}$ 中选择谱滤波器。由于谱系数尺度与符号是没有意义的, 因此, 可以简单设置谱滤波器为 "标准化" $\tilde{\omega}$:

$$\beta_j = \frac{[\tilde{\omega}_j^{(1)}, \cdots, \tilde{\omega}_j^{(T')}]}{\|[\tilde{\omega}_j^{(1)}, \cdots, \tilde{\omega}_j^{(T')}]\|_2}, \quad j = 1, \cdots, m \tag{13.27}$$

然后, 可以在后续迭代过程中以同样的方式重新更新空间滤波器与谱滤波器, 并重复此过程。第一次迭代的初始谱滤波器可以设置为较宽的频率范围, 该迭代过程将被持续进行, 直到由 CSP 方法得到的连续两次迭代的特征值 λ_{j+} 或 λ_{j-} 之间的相对变化小于预定的阈值或达到最多迭代次数。

3. 分类

为了实现测试样本 $\boldsymbol{X}_t \in \mathbb{R}^{D \times T}$ 的分类, 首先使用被优化的空间滤波器计算式 (13.19) 中的 $\hat{z}_t$, 然后使用被优化的 $\tilde{\omega}$ 与 b 计算式 (13.24) 中的 $o(\phi)$。如果 $o(\phi) > 0$, 则样本被分类为 "+", 相反, 样本被分类为 "−"。

ISSPL 中使用的方法是巧妙的, 但在少数情况下是存在缺陷的。首先, 由于在估计空间滤波器过程中使用标准的 CSP 方法, 其存在一个弱适应度函数。此外, 空间滤波器与谱滤波器是在两个独立步骤中使用不同目标函数获取的, 例如: 空间滤波器是通过 CSP 方法目标函数得到的; 谱滤波器则是以满足 SVM 优化准则为前提计算得到的。这种失衡可能会导致最终相对较低的分类精度。

13.2.3.4 改进的互相关方法

改进的 CC 方法具有通过互相关计算降低噪声的效果。基于改进的 CC 方法 MI 任务特征提取过程如图 13.4 所示。首先, 由于通道 C3 可以提供更多的信息并且其对应于大脑运动皮质区, 选择通道 C3 为改进的 CC 方法的参考通道。此外, 通道 C3 对 MI 任务特别敏感。在图 13.4 中, 通道 1 被视为参考通道 (C3); 使用式 (13.28) 计算参考通道与其他通道间的互相关:

$$R_{xy}(m) = \sum_{i=0}^{N-|m|-1} x(i)y(i-m) \tag{13.28}$$

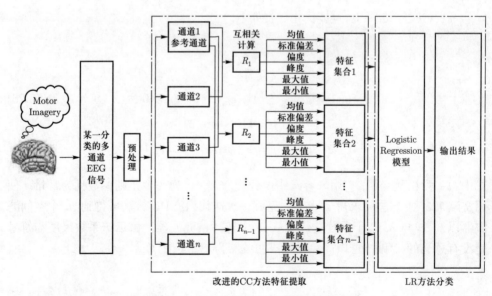

图 **13.4** BCI 系统 EEG 信号处理过程

式中, m 代表各信号间的时间延迟, $m = -(N-1), -(N-2), \cdots, N-2, N-1$; $R_{xy}(m)$ 为输入信号 $x(i)$ 与 $y(i)$ 在时间延迟 m 处的互相关序列; i 为序列索引; 输入信号 $x(i)$ 与 $y(i)$ 是有限的, 两个信号之间的延时是从采集信号开始至出现相关性峰值的时间差。对于每组输入信号 $x(i)$ 与 $y(i)$, 它们分别由 N 个采样点组成, 因此, 计算出的互相关序列长度为 $2N-1$。

图 13.4 中, R 代表互相关序列, R_1 是由参考通道与通道 2 计算得到的, R_{n-1} 是由参考通道与通道 n 计算得到的。从每个互相关序列中提取出均值、标准偏差、偏度、峰度、最大值与最小值等特征, 这些特征可以降低每个互相关序列的维度, 并且与数据预处理后的 EEG 信号相比, 其能提供更加有用的关于 MI 任务的信息。此外, 将从每个互相关序列中提取的 6 个特征作为分类器的输入。

13.2.4 运动想象特征分类

研究证实, 二分类器具有最好的分类精度[26]。本章提出的 BCI 系统中, 由于半自主导航系统可以为飞行器提供可行飞行方向以及实现半自主避障, 因此, 其减少了需要的控制指令, 并将 MI 任务由多分类减少为二分类 (空闲状态与 MI 任务, 左手 MI 任务与右手 MI 任务)。本章使用 LR 方法实现 MI 任务的分类。LR 方法适合于两类别之间的输入特征是线性函数的分离超平面, 其用于预计分类标签以及两种 MI 任务的分类结果概率。式 (13.29) 为 LR 方法的数学表达式:

$$P(y = 1 | x_1, x_2, \cdots, x_n) = \pi = \frac{e^{\beta_0 + \sum\limits_{i=1}^{n} \beta_i + x_i}}{1 + e^{\beta_0 + \sum\limits_{i=1}^{n} \beta_i + x_i}} \tag{13.29}$$

式 (13.29) 中, 假设 $x_1, x_2, \cdots, x_n$ 为输入特征向量且为独立变量; y 为分类标签且为一个因变量; π 为类别 1 的条件概率, 即 $P(y = 1 | x_1, x_2, \cdots, x_n)$。若 y 属于类别 0, 则其条件概率为 $1 - \pi = 1 - P(y = 1 | x_1, x_2, \cdots, x_n) = P(y = 0 | x_1, x_2, \cdots, x_n)$; β_0 为截距; $\beta_1, \beta_2, \cdots, \beta_n$ 为输入特征向量回归系数, 其由极大似然估计方法估计。LR 方法对数模型为

$$\text{logit}(\pi) = \log_e \frac{\pi}{1 - \pi} = \beta_0 + \sum_{i=1}^{n} \beta_i x_i \tag{13.30}$$

式 (13.30) 中, $\text{logit}(\pi)$ 为独立变量与回归系数的线性集合。将从每个互相关序列中提取的 6 个特征作为 LR 方法的输入, LR 方法的输出即为 BCI 系统受试者执行 MI 任务的分类标签 y (例如左手或右手 MI 任务)。基于 LR 方法的 MI 任务分类过程如图 13.4 所示。在该 BCI 系统中, 分类决策过程分为两个步骤: ① MI 任务是否执行判定, 执行 MI 任务 y 为 1, 空闲状态 y 为 0; ② MI 任务判定, 左手 MI 任务 y 为 1, 右手 MI 任务 y 为 0。

13.2.5 半自主避障与可行方向估计

二维激光测距仪扫描 $-90° \sim 90°$ 范围内的飞行器正前方环境 (飞行器正前方为 $0°$)。依据二维激光测距仪的扫描范围, 将采集到的环境数据等距分成 9 组, 并计算每组数据的最大与最小距离。图 13.5 为环境特征提取示例, 图 13.5(a) 为真实

(a) 真实环境

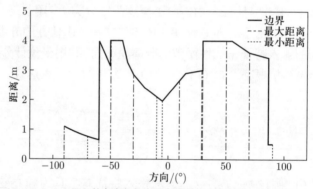

(b) 按角度与相应距离排列的环境数据

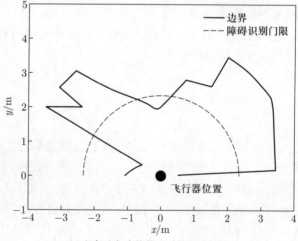

(c) 经极坐标变换修正后的环境数据

图 **13.5** 环境特征提取示例

环境, 图 13.5(b) 与 (c) 分别描述了按角度与相应距离排列的环境数据以及经过极坐标变换修正后的环境数据。

飞行器在飞行过程中可能遇到狭窄或开阔空间, 因此, 将 9 组环境数据最大距离与最小距离的均值作为障碍识别门限 (T_a)。为保证飞行器能够安全且成功避障, 设置 T_a 的最小值为 1.5 m。如果某方向上的环境距离小于 T_a, 则相应区域被视作障碍物并移除; 其他区域则被视作待定的可行方向并保留。经过上述步骤后, 半自主导航系统将依据保留的区域重新排列环境数据。

图 13.6 为重新排列后环境数据与估计的可行方向。对于区域 O_1 与 O_2, O_i 的宽度定义为

$$O_i = \sqrt{s_{2i-1}^2 + s_{2i}^2 - 2s_{2i-1}s_{2i}\cos(t_{2i} - t_{2i-1})} \tag{13.31}$$

式中, i 为区域编号; s_{2i-1} 为二维激光测距仪与区域 O_i 起始点间的距离; s_{2i} 为二维激光测距仪与区域 O_i 终止点间的距离; t_{2i-1} 为二维激光测距仪 0° 至区域 O_i 起始点间的角度; t_{2i} 为二维激光测距仪 0° 至区域 O_i 终止点间的角度。将 O_i 的宽度与可行方向门限 (T_o, 设置 T_o 的最小值为 1.5 m) 相比, 如果 O_i 的宽度大于 T_o, 则相应区域 O_i 被视作可行方向。依据 t_{2i-1}、t_{2i} 以及飞行器当前偏航角 (t_U), 定义可行方向的中心角度为

$$\begin{cases} t_U + \dfrac{t_{2i} + t_{2i-1}}{2} - 360°, & \left(t_U + \dfrac{t_{2i} + t_{2i-1}}{2}\right) \geqslant 180° \\ t_U + \dfrac{t_{2i} + t_{2i-1}}{2} + 360°, & \left(t_U + \dfrac{t_{2i} + t_{2i-1}}{2}\right) < -180° \end{cases} \tag{13.32}$$

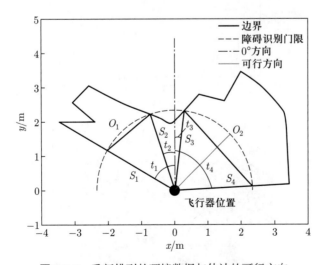

图 13.6 重新排列的环境数据与估计的可行方向

13.3 运动想象校正实验

13.3.1 实验设置

为验证提出的改进的 CC 方法与 LR 方法的可行性与性能, 在大学里招募了 6 名健康受试者参与 MI 校正实验 (4 名男性与 2 名女性, 年龄为 21.4 ± 1.5 岁), 他们没有神经系统疾病史且实验期间没有服药记录。受试者穿戴采集 EEG 信号的电极帽舒适地坐在扶手椅上注视显示器中心点放松 5 min, 双眼与 17 英寸显示器的间距为 50 cm。在实验期间, 受试者使用虚拟仿真系统随机完成实验且不允许做出任何明显动作及发出声音。虚拟仿真系统使用 C# 与 OpenGL 设计并且以第一视角显示在显示器上, 虚拟场景的长与宽分别为 18 m 与 10 m。为了模拟实际飞行, 在虚拟仿真系统中, 视角高度、场景移动速度与视角范围分别设置为 1 m、1 m/s 与 90°。图 13.7 为屏幕显示、虚拟场景范围以及受试者完成 MI 实验示意。图 13.8

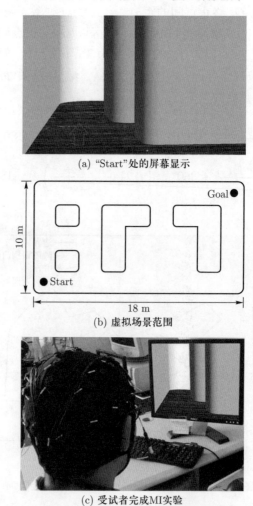

(a) "Start"处的屏幕显示

(b) 虚拟场景范围

(c) 受试者完成MI实验

图 13.7 屏幕显示、虚拟场景范围以及受试者完成 MI 实验示意

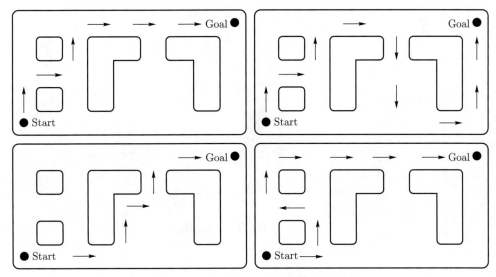

图 13.8 虚拟仿真系统中的预设路径俯视图

为虚拟仿真系统中的预设路径, 黑色箭头表示飞行器的飞行方向与默认轨迹。

该实验分为两部分: ① 受试者依据显示器上随机出现的 60 个提示完成相应的 MI 任务 (左手 MI 任务为左旋, 右手 MI 任务为右旋, 放松状态 MI 任务为前向飞行, 每个状态各 20 次); ② 在虚拟仿真系统中, 受试者被要求使用左、右手以及放松状态的 MI 任务沿着预设路径完成 3 组飞行实验。受试者们在一天内完成实验, 并且在每组实验结束后休息 10 min。MI 校正实验共获取 360 组数据, 其中 240 组数据作为训练数据集, 其余 120 组数据作为测试数据集, 通过这两组数据得到使用方法的平均分类准确率。

13.3.2 数据获取

图 13.9 为 MI 实验的数据采集过程示意, 单一 MI 任务与连续 MI 任务分别对应实验的两个部分。该试验中, 单一 MI 任务的数据采集时间为 5 s。由于受试者的 EEG 信号不稳定或者其没有执行 MI 任务, $0 \sim 1$ s 与 $4 \sim 5$ s 这两段时间没有采用。为消除响应延迟的影响, 从 $1 \sim 4$ s 开始对采集到的 EEG 信号采样。实验的第二部分中, MI 任务可能持续很长时间 (例如 1 min)。采集到的 EEG 信号需要被分成多个数据段。图 13.9(b) 描述了该过程。EEG 信号是由安装在电极帽 (NuAmps, Neuroscan) 上的 40 通道电极采集到的。依据国际 10–20 系统, 电极 (Ag/AgCl) 被紧贴在受试者的头皮上。本节中使用的 EEG 信号由 6 个电极 (FC_3、C_3、CP_3、FC_4、C_4 与 CP_4) 不间断采集、放大, 并以 250 Hz 的采样频率存储为数字信号。MI 校正实验中, 将与耳后乳突连接的电极作为参考电极。

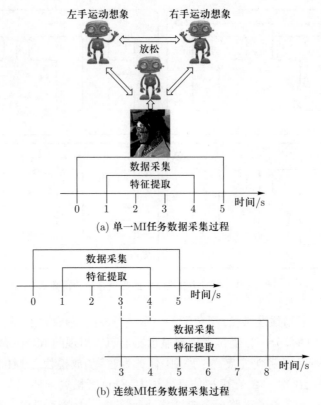

(a) 单一MI任务数据采集过程

(b) 连续MI任务数据采集过程

图 13.9 两种 MI 任务的数据采集过程

13.3.3 数据预处理

采集到的 EEG 信号中掺杂有不同频率的噪声。通常, 高频率的噪声是工频电源噪声, 而低频率的噪声主要是由眼球运动和心跳等产生的[27,28]。将采集到的 EEG 信号首先经过 50 Hz 的陷波滤波器滤除工频电源噪声。然后, 再将 EEG 信号经过 0.5 ~ 30 Hz 带通滤波器滤除噪声。如果滤波后的 EEG 信号幅度大于 50 ~ 70 μV, 它们将被视为由眼球运动与眨眼等因素产生的伪迹。本节采用独立成分分析 (ICA) 方法剔除伪迹, 其是一种分离多通道 EEG 信号的计算方法, 可以有效分离大脑活动并简便地去除伪迹, 它假定来自不同通道的 EEG 信号集合是线性且没有时间延迟的。构建 ICA 方法模型为

$$U = WX \tag{13.33}$$

式中, U 为分解出的独立成分; W 为解混矩阵, 它将混合的独立成分映射回原始的 EEG 信号; X 为采集的原始多通道 EEG 信号。第 i 个独立成分的映射过程为

$$X_{\text{clean}}(i) = W^{-1}(:, i) \cdot U(i, :) \tag{13.34}$$

使用 ICA 方法后, 所有通道的 EEG 信号被成功分离, 并且 X_{clean} 中存在的不良成分为伪迹。

13.3.4 运动想象校正实验结果分析

对于 MI 校正实验, 首先, 受试者接受被动的 MI 任务训练。表 13.2 列出了本章使用的方法与其他三种方法 (FCSSP、ISSPL 与 CSP) 的分类准确率对比。表 13.2 表明本章使用的改进的 CC 方法与 LR 方法 (Improved CC-LR) 有相对较高的分类准确率。该方法的最高分类准确率达到 98.20%; 平均分类准确率达到 94.36%, 分别比 FCSSP、ISSPL 与 CSP 方法增加了 1.47、5.92 和 12.69 个百分点; 所有受试者的分类准确率均超过 91%, 且大部分受试者使用该方法的分类准确率明显高于其他方法。因此, 可以得出结论: Improved CC-LR 方法相比其他方法更适合本章提出的 BCI 系统。

表 13.2 分类准确率对比 单位: %

算法	受试 1	受试 2	受试 3	受试 4	受试 5	受试 6	平均
Improved CC-LR	91.60	96.20	91.75	98.20	97.28	91.12	94.36
FCSSP	90.67	93.33	95.67	93.00	94.67	90.00	92.89
ISSPL	91.33	84.20	86.33	98.10	83.33	87.33	88.44
CSP	88.33	78.33	75.00	80.00	86.67	81.67	81.67

对于 MI 实验的第二部分, 通过完成实验路径的指令数、时间花费与路径选择成功率来分析该 BCI 系统性能。图 13.10(a) 与 (b) 分别给出了完成实验路径的指令数与时间花费的结果 (均值 ± 标准差), 图 13.10(c) 为 6 名受试者完成路径选择的成功率结果 (均值 ± 标准差)。由于 4 条实验路径的复杂程度不同, 受试者完成

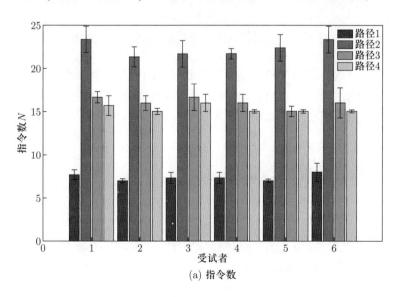

(a) 指令数

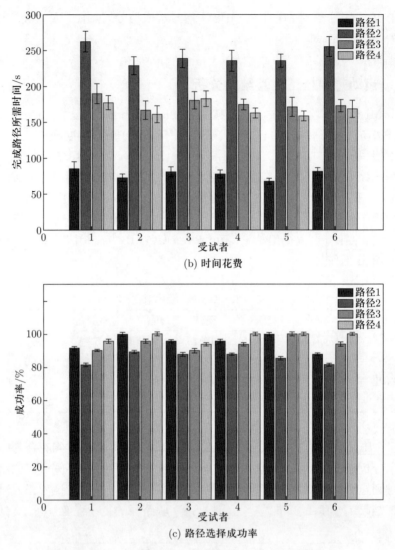

(b) 时间花费

(c) 路径选择成功率

图 13.10 飞行器沿预定路径飞行实验的系统性能

实验路径的指令数与时间花费也存在显著差异。随着路径复杂程度的增加, 成功率随之降低。由图 13.10(c) 可以看出, 6 名受试者的成功率均超过 80%。由于成功率相对较高, 可以证明该 BCI 系统对于不同受试者均是有效且易于操作的。

13.4 实际目标搜索验证实验

13.4.1 实验设置

为验证该 BCI 系统的适应性与控制稳定性, 在大学里招募了 10 名健康受试者参与实际目标搜索验证实验, 其中, 4 名男性与 2 名女性 (年龄为 21.4 ± 1.5 岁) 参加过 MI 校正实验, 2 名男性与 2 名女性 (年龄为 21 ± 1.7 岁) 未参加过 MI 校正实验。受试者均没有神经系统疾病史且实验期间没有服药记录。飞行器的飞行速度设置为 1 m/s, 飞行器的旋转速度与旋转半径分别设置为 15(°)/s 与 0 m, 飞行器的飞行高度被限制在 $0.5 \sim 2.5$ m, 飞行器的初始高度与偏航角分别为 1 m 与 0°。真实实验环境的长、宽分别为 40 m 与 25 m。图 13.11(a) 为实验区域俯视图, 其中包含多个 T 形路口, 例如标记区域 $1 \sim 7$。标记 "Start" 与 "Target" 分别为飞行器的起飞位置与搜索目标位置。图 13.11(b) 为搜索目标示意, 其被悬挂在墙上且位置对于受试者为未知。搜索目标为红色环状, 其内、外直径分别为 40 cm 与 65 cm。受试者预先并不熟悉该实验区域。

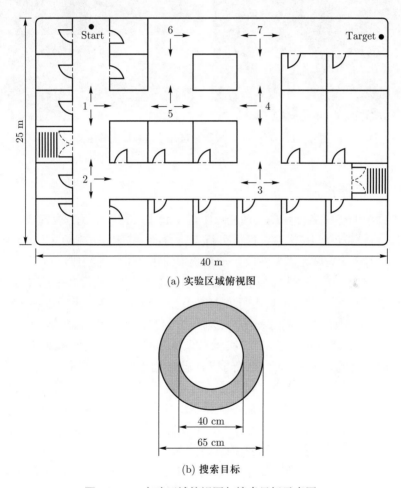

(a) 实验区域俯视图

(b) 搜索目标

图 13.11 实验区域俯视图与搜索目标示意图

实际目标搜索验证实验分为两部分: 使用与不使用 (使用手机完成控制) BCI 系统完成目标搜索实验。对于使用 BCI 系统完成目标搜索实验, 10 名受试者均参加该部分实验。在该部分实验开始前, 受试者穿戴采集脑电的电极帽舒适地坐在扶手椅上且注视显示器中心点放松 5 min。由飞行器发送的实时视频与可行方向以第一视角显示在显示器上。受试者双眼与显示器的间距为 50 cm, 他们通过 MI 任务完成该部分实验。对于不使用 BCI 系统的目标搜索实验, 4 名未参加过 MI 校正实验的受试者参与该部分实验, 并使用手机完成控制。在该部分实验开始前, 受试者双手持手机舒适地坐在扶手椅上放松 1 min, 双眼与手机屏幕的间距为 20 cm, 控制按键与实时视频均显示直接在手机屏幕上。为保证受试者对实验区域存在陌生感, 该部分实验中更换了标记 "Start" 与 "Target" 的位置。图 13.12 为受试者完成实际目标搜索验证实验示意。

图 13.12　受试者完成实际目标搜索验证实验示意

13.4.2　飞行器控制

BCI 系统的受试者使用单一放松 MI 任务起飞飞行器。飞行器起飞后, 半自主导航子系统将自动为 BCI 系统提供可行飞行方向, 并依据可行飞行方向为飞行器实现半自主避障。受试者需要在决策子系统中使用 MI 任务完成可行飞行方向选择 (左手 MI 任务为 "是", 即选择当前方向; 右手 MI 任务为 "否", 即不选择当前方向)。半自主导航子系统提供的可行飞行方向逐个显示在显示器上供受试者选择。如果受试者选择了其中某个可行飞行方向, 则该方向被设置为飞行器的偏航角, 飞行器将沿此方向完成后续的自主飞行。决策子系统每间隔 30 ms 发送前向飞行控制指令。在前向飞行的情况下, 单一的右手 MI 任务用于降落飞行器。在选择可行飞行方向过程中, 飞行器保持悬停。如果受试者未选择半自主导航子系统提供的可行飞行方向, 他们必须完全依靠自己通过执行 MI 任务控制飞行器 (左手 MI 任务为左旋转; 右手 MI 任务为右旋转; 空闲 MI 任务为前向飞行)。此时, 决策子系统每间隔 30 ms 发送前向飞行控制指令, 持续时间为 3 s。如果飞行器在后续 2 s 内未接收到任何控制指令, 其将悬停并等待接收控制指令。受试者需要手动完成飞行器的降落。在飞行过程中, 如果飞行器进入死路, 其将自动旋转 180°。

13.4.3　实际目标搜索验证实验结果分析

图 13.13 描述了 10 名受试者使用 BCI 系统完成目标搜索的俯视实际轨迹, 图中不同颜色的曲线分别代表不同受试者。图 13.13(a) 为参加过 MI 校正实验

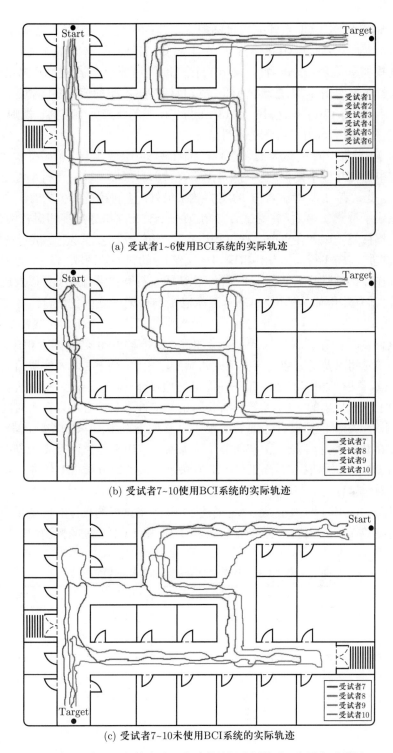

(a) 受试者1~6使用BCI系统的实际轨迹

(b) 受试者7~10使用BCI系统的实际轨迹

(c) 受试者7~10未使用BCI系统的实际轨迹

图 13.13 实际目标搜索验证实验的俯视实际轨迹 (参见书后彩图)

的 6 名受试者使用 BCI 系统完成目标搜索实验的俯视实际轨迹 (受试者 1 ~ 6), 图 13.13(b) 为未参加过 MI 校正实验的 4 名受试者使用 BCI 系统完成目标搜索实验的俯视实际轨迹 (受试者 7 ~ 10), 图 13.13(c) 为未参加过 MI 校正实验的 4 名受试者在未使用 BCI 系统情形下完成目标搜索实验的俯视实际轨迹 (受试者 7 ~ 10)。与图 13.13(c) 相比, 图 13.13(a) 与 (b) 中的轨迹更加流畅、规则, 其验证了该 BCI 系统具有较好的控制稳定性。

在图 13.13(a) 中, 受试者的轨迹较平缓且多集中于实验区域的中心。但是, 在实际轨迹中存在几处小偏移, 这可能是由于飞行器悬停以及前向飞行不稳定而造成的。其中, 受试者 4 与受试者 5 的实验效果最好, 他们花费最少的时间以及最少的指令完成了搜索实验, 仅有受试者 3 在第一个交叉路口处出现相对较大的偏移。这个较大偏移是受试者在方向选择过程中犹豫不决造成的, 首先, 受试者选择左转, 接下来又选择前向飞行。图 13.13(b) 中初始部分的轨迹较图 13.13(a) 更混乱。由于受试者在开始阶段并不熟悉 MI 任务, 这造成飞行器在沿直线飞行以及旋转过程中产生较大偏移, 例如从标记 "Start" 至标记 1 与标记 2 之间的轨迹。在这些情况下, 由于受试者没有选择半自主导航子系统提供的可行飞行方向, 受试者 7 ~ 10 需要自己执行 MI 任务控制飞行器。与参加过 MI 实验的 6 名受试者相比, 他们花费了稍多的时间以及指令数。与实验的初始阶段相比, 结果显示了实验后段受试者 7 ~ 10 已经掌握了相应的 MI 任务并能更好地操作 BCI 系统。从另一方面来看, 这也证明了本章提出的 BCI 系统具有良好的适应性。受试者可以在短时间内掌握该 BCI 系统, 尽管他们没有达到受试者 1 ~ 6 的准确率, 但是, 差距已经很小了。这可能存在几个关键因素: ① 半自主导航子系统被用来提供可行飞行方向; ② 使用改进的 CC 方法提取 MI 特征与 LR 方法最大限度地分类 MI 任务; ③ BCI 系统简化了操作过程, 对受试者来说, 其是易于操作的。

针对图 13.13(a) 与 (b), 表 13.3 描述了 10 名受试者的具体对比结果。通过距离误差与旋转误差 (均值 ± 标准偏差) 来分析使用 BCI 系统的控制稳定性。距离

表 13.3 10 名受试者的具体对比结果

受试者	距离误差/cm	旋转误差/(°)	时间/s
1	5.37 ± 1.5	5.27 ± 1.6	197
2	5.24 ± 1.6	5.41 ± 1.7	208
3	5.51 ± 1.6	5.53 ± 1.7	213
4	4.62 ± 1.4	4.86 ± 1.5	142
5	4.57 ± 1.4	4.68 ± 1.5	153
6	5.94 ± 1.7	5.94 ± 1.7	196
7	8.35 ± 3.2	8.69 ± 2.9	351
8	7.79 ± 2.8	8.12 ± 2.8	357
9	10.42 ± 3.1	10.41 ± 3.1	384
10	9.24 ± 3.3	10.84 ± 3.0	369

误差表示坐标系中飞行器的实际轨迹与相应理想轨迹间的距离。旋转误差表示飞行器旋转 90° 过程中, 其实际旋转角度与相应理想旋转角度间的差值 (使用相应的偏航角差值表示)。如表 13.3 所示, 受试者 7 ~ 10 的实际轨迹距离误差与旋转误差是受试者 1 ~ 6 的 1 ~ 2 倍, 同时, 他们也花费了更多的时间来完成目标搜索。参加过 MI 校正实验的 6 名受试者用更少的时间完成了目标搜索实验, 且具有较小的距离误差与旋转误差。

为验证受试者是否已经掌握该 BCI 系统及其适应性, 根据图 13.13(b) 的轨迹以及完成目标搜索实验的时间, 将受试者 7 ~ 10 的搜索实验分为两部分。表 13.4 给出了比较结果 (第一部分距离误差 FHDE、第二部分距离误差 SHDE、第一部分旋转误差 FHRE、与第二部分旋转误差 SHRE 均为均值 ± 标准偏差)。由表 13.4 可以清楚地看出, 受试者 7 ~ 10 在第二部分实验中具有较小的距离误差和旋转误差。尽管他们没有达到受试者 1 ~ 6 的控制精度, 但是差异已很小。与第一部分实验相比, 受试者 7 ~ 10 在较短的学习时间内已经掌握了相关 MI 任务, 能更好地应用该 BCI 系统, 这也验证了该 BCI 系统具有良好的适应性。

表 13.4 受试者 7 ~ 10 完成目标搜索实验的比较结果

受试者	FHDE/cm	SHDE/cm	FHRE/(°)	SHRE/(°)
7	9.91 ± 4.3	6.79 ± 2.1	10.21 ± 4.3	7.17 ± 2.1
8	9.32 ± 3.6	6.26 ± 1.9	10.07 ± 4.2	6.17 ± 2.0
9	13.21 ± 4.1	7.61 ± 2.0	11.81 ± 4.1	9.01 ± 2.2
10	11.25 ± 3.5	7.23 ± 2.0	12.49 ± 4.1	9.19 ± 2.1

针对图 13.13(b) 与 (c), 表 13.5 描述了目标搜索实验两部分的对比结果 (使用 BCI 系统的距离误差 DEUB、使用 BCI 系统的旋转误差 REUB、未使用 BCI 系统的距离误差 REWB, 与未使用 BCI 系统的旋转误差 REWB, 均为均值 ± 标准偏差)。结果表明: 相对于受试者使用手机完成实验, 该 BCI 系统具有较小的距离误差与旋转误差, 因此, 其具有更好的控制稳定性。

表 13.5 目标搜索实验对比结果

受试者	DEUB/cm	DEWB/cm	REUB/(°)	REWB/(°)
7	8.35 ± 3.2	14.37 ± 4.4	8.69 ± 2.9	12.41 ± 4.1
8	7.79 ± 2.8	13.62 ± 3.9	8.12 ± 2.8	13.25 ± 4.7
9	10.42 ± 3.1	16.28 ± 4.2	10.41 ± 3.1	15.31 ± 4.6
10	9.24 ± 3.3	13.21 ± 3.7	10.84 ± 3.0	15.42 ± 4.7

思考题

1. 真实的运动或者运动想象过程会产生哪些变化?
2. 简述运动想象特征提取的主要目的, 并解释其为何不能直接应用于 BCI 系统。
3. 简述使用二维激光测距仪实现半自主避障与可行方向估计的主要步骤。

第三篇参考文献

[1] Wikipedia. Minniature UAV [EB/OL]. [2024-03-09].

[2] 高杜生, 何鹏举, 杨波, 等. 组合导航原理及应用 [M]. 西安: 西北工业大学出版社, 2012.

[3] MARR D. Vision: A computational investigation into the human representation and processing of visual information [M]. New York: Henry Holt and Co., Inc. 1982.

[4] 王新龙, 李亚峰, 纪新春. SINS/GPS 组合导航技术 [M]. 北京: 北京航空航天大学出版社, 2015.

[5] BROWN R G, HWANG P Y C. Introduction to random signals and applied Kalman filtering [M]. New York: John Wiley & Sons, 1992.

[6] ROBERTS J F, STIRLING T, ZUFFEREY J C, et al. Quadrotor using minimal sensing for autonomous indoor flight [C]//European Micro Air Vehicle Conference and Flight Competition. Toulouse, 2007.

[7] WENDEL J, MEISTER O, SCHLAILE C, et al. An integrated GPS/MEMS-IMU navigation system for an autonomous helicopter [J]. Aerospace Science and Technology, 2006, 10(6): 527-533.

[8] TUNA G, NEFZI B, CONTE G. Unmanned aerial vehicle-aided communications system for disaster recovery [J]. Journal of Network and Computer Applications, 2014, 41: 27-36.

[9] TEMPLETON T, SHIM D H, GEYER C, et al. Autonomous vision-based landing and terrain mapping using an MPC-controlled unmanned rotorcraft [C]//Proceedings 2007 IEEE International Conference on Robotics and Automation. Rome, 2007: 1349-1356.

[10] CELIK K, CHUNG S-J, CLAUSMAN M, et al. Monocular vision SLAM for indoor aerial vehicles [C]//2009 IEEE/RSJ International Conference on Intelligent Robots and Systems. St. Louis, 2009: 1566-1573.

[11] ANGELOPOULOU M, BOUGANIS C. Vision-based egomotion estimation on FPGA for unmanned aerial vehicle navigation [J]. IEEE Transactions on Circuits and Systems for Video Technology, 24(6): 1070-1083.

[12] GRZONKA S, GRISETTI G, BURGARD W. A fully autonomous indoor quadrotor [J]. IEEE Transactions on Robotics, 2012, 28(1): 90-100.

[13] ZAVALA-FERNÁNDEZ H, ORGLMEISTER R, TRAHMS L, et al. Identification enhancement of auditory evoked potentials in EEG by epoch concatenation and temporal decorrelation [J]. Computer Methods and Programs in Biomedicine, 2012, 108(3): 1097-1105.

[14] 王宏, 李春胜, 刘冲. 生物机械电子工程 [M]. 北京: 高等教育出版社, 2014.

[15] JULIER S J, UHLMANN J K, DURRANT-WHYTE H F. A new approach for filtering nonlinear systems [C]//Proceedings of 1995 American Control Conference. Seattle, 1995: 1628-1632.

[16] GORDON N J, SALMOND D J, SMITH A F M. Novel approach to nonlinear/non-Gaussian Bayesian state estimation [J]. Radar and Signal Processing, 1993, 140(2): 107-113.

[17] RIGATOS G G. Nonlinear Kalman filters and particle filters for integrated navigation of unmanned aerial vehicles [J]. Robotics and Autonomous Systems, 2012, 60(7): 978-995.

[18] 王陈陈, 马明建, 马娜, 等. 基于 GPS 的土地面积测量算法 [J]. 山东理工大学学报: 自然科学版, 2013, 27(4): 64-68.

[19] BERGER H. Über das Elektroenkephalogramm des Menschen [J]. Archiv Für Psychiatrie Und Nervenkrankheiten, 1933, 99(6): 555-574.

[20] HARI R, SALMELIN R. Human cortical oscillations: A neuromagnetic view through the skull [J]. Trends in Neurosciences, 1997, 20(1): 44-49.

[21] KÜBLER A, NIJBOER F, MELLINGER J, et al. Patients with ALS can use sensorimotor rhythms to operate a brain-computer interface [J]. Neurology, 2005, 64(10): 1775-1777.

[22] STRANG G. Linear algebra and its applications [M]. Brooks/Cole, 1988: 347-354.

[23] TOMIOKA R, DORNHEGE G, NOLTE G, et al. Spectrally weighted common spatial pattern algorithm for single trial EEG classification [R]. Technical Report, 2006.

[24] OPPENHEIMER A V, SCHAEFER R W. Digital signal processing [M]. London: Pearson, 1975: 705-708.

[25] LOTTE F, GUAN C. Regularizing common spatial patterns to improve BCI designs: Unified theory and new algorithms [J]. IEEE Transactions on Biomedical Engineering, 2011, 58(2): 355-362.

[26] KRONEGG J, CHANEL G, VOLOSHYNOVSKIY S, et al. EEG-based synchronized brain-computer interfaces: A model for optimizing the number of mental tasks [J]. IEEE Transactions on Neural Systems and Rehabilitation Engineering, 2007, 15(1): 50-58.

[27] KAR S, BHAGAT M, ROUTRAY A. EEG signal analysis for the assessment and quantification of driver's fatigue [J]. Transportation Research Part F: Traffic Psychology and Behaviour, 2010, 13(5): 297-306.

[28] ZHANG C, WANG H, WU M H. EEG-based expert system using complexity measures and probability density function control in alpha sub-band [J]. Integrated Computer-Aided Engineering, 2013, 20(4): 391-405.

第四篇

软硬件实验平台

扫描二维码下载本篇实践练习所需软件
"数字传感技术与机器人控制-NEU"

第 14 章　本书实验系统简介

本书实验平台由硬件和软件系统组成, 硬件系统包括传感器、单片机、上位机, 软件系统支持 Windows 操作系统下的 Python、MATLAB 和 LabVIEW 编程环境。

14.1　系统硬件结构

本书实验系统硬件结构主要分为传感器、单片机、上位机三大部分, 如图 14.1 所示。传感器包括红外线测距传感器、超声波测距传感器、温湿度传感器等。上位机可以用我们的个人笔记本电脑, 它可显示传感器获取的数据并且进行相应的处理。单片机作为整个硬件结构的控制核心, 将传感器与上位机联系起来, 它可以控制传感器获取数据并且将数据发送给上位机。

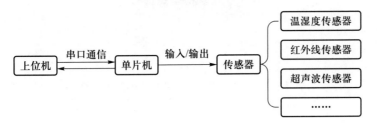

图 14.1　硬件系统总体框图

图 14.2 为本书实验系统使用的红外线测距传感器 (SHARP GP2Y0A21YK0F)。它由 PSD (position sensitive detector)、IRED (infrared emitting diode) 和信号处理电路三部分组成。由于采用了三角测量方法, 被测物体的材质、环境温度以及测量时间都不会影响传感器的测量精度。传感器输出电压值对应探测的距离, 通过测量电压值就可以得出所探测物体的距离[1]。其主要电气参数如表 14.1 所示。

图 14.2 红外线测距传感器

表 14.1 GP2Y0A21YK0F 红外线测距传感器相关参数

电气参数	GP2Y0A21YK0F
工作电压	DC 4.5 ~ 5.5 V
工作功耗	外标称值 33 mA
包装尺寸	29.5 mm × 13 mm × 21.6 mm
探测距离	20 ~ 150 cm
探测精度	与转化计算公式相关

图 14.3 为本书实验系统使用的超声波传感器 (Risym US–100), 它可实现 0 ~ 4.5 m 的非接触测距, 拥有 2.4 ~ 5.5 V 的宽电压输入范围, 静态功耗低于 2 mA, 自带温度传感器对测距结果进行校正, 同时具有 GPIO、串口等多种通信方式, 内带"看门狗", 工作稳定可靠[2]。其主要电气参数如表 14.2 所示。

图 14.3 超声波传感器

表 14.2 US–100 超声波测距传感器相关参数

电气参数	US–100
工作电压	DC 2.4 ~ 5.5 V
静态电流	2 mA
工作温度	−20 ~ +70 ℃
输出方式	电平或 UART (跳线帽选择)
感应角度	小于 15°
探测距离	0 ~ 450 cm
探测精度	$0.3 \times (1 + 1\%)$ cm
UART 模式下串口配置	波特率9 600, 起始位 1 位, 停止位 1 位, 数据位 8 位, 无奇偶校验, 无流控制

本书实验系统使用的温湿度传感器 (Risym SHT30) 如图 14.4 所示。其温度测量采用热电偶的方法; 湿度测量是使用沉积在两个导电电极上的聚合物薄膜, 当薄膜吸水或失水后, 根据改变两个电极间的介电常数给出测量值。将上述信号转换成为电信号送到单片机中, 转化成机器能够识别的信号[3]。其主要电气参数如表 14.3 所示。

图 14.4 温湿度传感器

表 14.3 SHT30 温湿度传感器相关参数

电气参数	SHT30
工作电压	DC 2.15 ~ 5.5 V
输出信号	IIC 数字信号
湿度测量范围	0 ~ 100%RH
温度测量范围	−40 ~ +125 °C
IIC 地址	0X44
精度	±2%RH, ±0.2 °C

整个控制流程是单片机通过读取以及识别上位机从串口发送回来的指令, 执行相应的子程序。子程序是针对各类型传感器编写的控制程序。在整个控制流程中, 所有子程序都处于一个大的循环当中, 循环读取串口所接收的数据, 然后判断数据是否满足触发某一个子程序的条件, 如果满足, 则执行相应子程序。子程序主要是控制相应的传感器实时获取外部数据, 并且打印在串口上, 以及将数据发送给上位机。

单片机作为实验的核心部分, 采用的是 Arduino Uno 单片机[4], 如图 14.5 所示。Arduino Uno 是目前使用最广泛的 Arduino 控制器, 具有 Arduino 的所有功能, 是初学者的最佳选择。在掌握了 Arduino Uno 的开发技巧以后, 就可以将自己

图 14.5 Arduino Uno 实物图

的代码轻松移植到其他型号的控制器上。Arduino Uno 的微控制器采用的是 Atmel 公司的 ATmega328P 处理器。Arduino Uno 有电源插孔、USB 接口、ICSP 插头、14 个数字 I/O 引脚, 还包含 6 个模拟输入引脚。引脚的复用功能提供了更多的不同选项, 例如驱动电动机、点亮 LED、读取传感器等。其详细参数如表 14.4 所示。

表 14.4   Arduino Uno 相关参数

引脚、电气参数	Arduino Uno
处理器	ATmega328P
工作电压	5 V
输入电压 (推荐)	$7 \sim 12$ V
输入电压 (极限)	$6 \sim 20$ V
数字 I/O 引脚	14 (其中 6 路可作为 PWM 输出)
模拟输入引脚	6
输入/输出直流电流	20 mA
3.3 V 直流电流	50 mA

Arduino Uno 开发板可以使用以下三种方式供电:

(1) 直流电源插孔: 可以使用电源插孔为 Arduino 开发板供电, 电源插孔通常连接到一个适配器, 开发板的供电范围可以是 $6 \sim 20$ V, 但制造商建议将其保持在 $7 \sim 12$ V 之间, 高于 12 V 时, 稳压芯片可能会过热, 低于 7 V 可能会供电不足。

(2) VIN 引脚: 该引脚用于使用外部电源为 Arduino Uno 开发板供电, 电压应控制在上述提到的范围内。

(3) USB 电缆: 连接到计算机时, 提供 500 mA/5 V 电压。

本书实验系统中, 数据通信方面主要采用的是串口通信。串口通信 (serial communication) 是一种设备间非常常用的串行通信方式, 它简单便捷, 因此大部分电子设备都支持该通信方式, 电子工程师在调试设备时也经常使用该通信方式输出调试信息。

14.2   系统软件结构

本书实验系统的软件结构由下位机软件结构和上位机软件结构组成, 系统的下位机软件开发平台为 Arduino IDE, 系统的上位机开发平台为 Windows 操作系统下的 LabVIEW 软件[5]。下面将分别介绍实验系统的下位机和上位机软件结构。

14.2.1   下位机软件结构

下位机 Arduino 程序的软件结构包括两个主要的函数: Setup 函数和 Loop 函数。在 Setup 函数中可以初始化变量、初始化引脚模式和启用库函数等, Setup 函数只能在 Arduino 板的每次上电或复位后运行一次。Setup 函数执行完成后，Arduino 会执行 Loop 函数中的程序。Loop 函数是一个死循环，其中的程序会不断地重复运行，通常在 Loop 函数中完成程序的主要功能，如驱动各种模块和采集数据等。

本书实验系统的下位机程序流程图如图 14.6 所示，Setup 函数实现 Arduino 的初始化操作，Loop 函数循环检测上位机发送的控制信号，并对该信号进行解析判断，根据接收到的不同控制信号分别完成 3 种传感器数据的采集，并通过串口通信将数据上传至上位机。

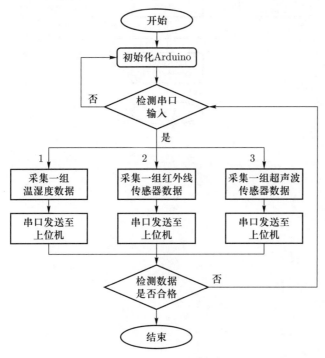

图 14.6 下位机程序流程图

14.2.2 上位机软件结构

本书实验的上位机软件基于 LabVIEW 进行开发，LabVIEW 是一种图形化编程开发环境，拥有功能丰富的函数库，本书实验中使用到了数据采集、串口控制、数据显示和数据存储等，LabVIEW 还提供很多外观与传统仪器类似的控件，可以用来方便地创建用户界面。

本书实验上位机程序流程图如图 14.7 所示，在用户按下采集按钮后，程序对该采集指令进行解析，并分别向串口发出 3 种不同的标志位作为 3 种传感器的采集信号，下位机在接收到采集信号后开始采集数据并通过串口发送至上位机，上位机接收解析数据后将数据保存到相应文件夹下。

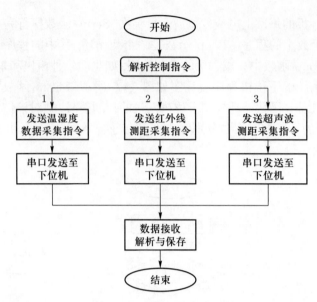

图 14.7 上位机程序流程图

第 15 章 本书软件介绍

在掌握数字信号处理与传感器基本原理的基础上, 使用声音传感器、红外线传感器、超声波传感器、温湿度传感器进行信号采集, 利用 Python 或 MATLAB 对采集的信号进行分析处理。

15.1 软件安装步骤

本书实践练习使用 "数字传感技术与机器人控制-NEU" 软件, 请扫描第 209 页二维码下载软件安装包, 该软件的安装步骤如下:

(1) 鼠标右击 "数字传感技术与机器人控制-NEU.zip" 进行解压。

(2) 双击打开解压后的 "数字传感技术与机器人控制-NEU" 文档。

(3) 选择 setup.exe, 双击打开文档, 等待初始化完成 (图 15.1)。

名称	修改日期	类型	大小
bin	2022/1/6 15:04	文件夹	
license	2022/1/6 15:04	文件夹	
supportfiles	2022/1/6 15:04	文件夹	
nidist.id	2022/1/4 20:40	ID 文件	1 KB
setup.exe	2021/6/25 16:17	应用程序	5,328 KB
setup.ini	2022/1/4 20:40	配置设置	29 KB

图 15.1 第 3 步图示

(4) 选择安装目录, 建议安装在除 C 盘以外其他磁盘, 然后选择下一步。

(5) 点击接受, 选择下一步。

(6) 点击下一步。

(7) 等待安装完成。

(8) 安装完成, 点击下一步, 重启计算机。

15.2 软件使用说明

软件安装完成后, 按照下述步骤 (图 15.2 至 15.4) 进行使用:

(1) 将单片机的 USB 接口与计算机的 USB 接口连接, 成功连接后打开 "数字传感技术与机器人控制-NEU" 软件, 点击 "刷新串口" 按钮, 可以看到已经识别到连接的串口 COM3 (注: 也可能是 COM2、COM4 或其他), 波特率 9 600 不需要修改。

(2) 点击 "打开串口" 按钮, 若看到左侧的绿色指示灯亮起则为成功。

(3) 点击 "红外测距" 按钮, 开始红外线测距传感器的数据采集, 持续数秒, 若上方的 "红外测距数值" 区没有显示数值, 则需重新点击 "红外测距" 按钮。

(4) 点击 "停止接收" 按钮, 结束红外测距传感器的数据采集。

(5) 点击 "超声波测" 按钮, 开始超声波测距传感器的数据采集, 持续数秒。

(6) 点击 "停止接收" 按钮, 结束超声波测距传感器数据的采集。

(7) 点击 "温湿度测量" 按钮, 开始温湿度传感器数据的采集, 持续数秒。

(8) 点击 "停止接收" 按钮, 结束温湿度传感器数据的采集。

(9) 点击 "保存数据" 按钮。

(10) 选择要保存到的路径 (图 15.3)。

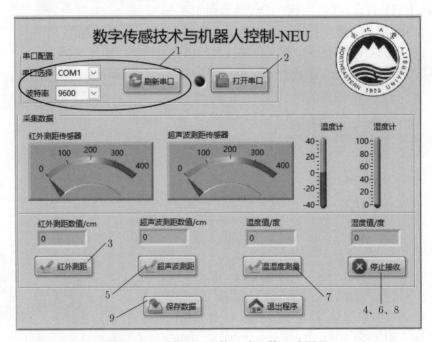

图 15.2 系统界面及第 1 步至第 9 步图示

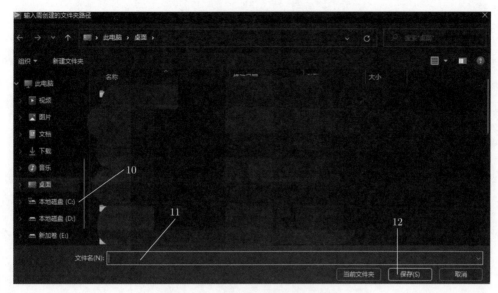

图 15.3　第 10 步至第 12 步图示

(11) 输入文件夹的名称。

(12) 点击 "保存" 按钮。

(13) 打开保存的文件夹, 可以看到 4 个文件, 分别保存着湿度传感器、红外线传感器、温度传感器、超声波传感器的数据 (图 15.4)。

图 15.4　第 13 步图示

第四篇参考文献

[1] 红外传感 [EB/OL]. [2024-03-09].

[2] 超声传感器 [EB/OL]. [2024-03-09].

[3] 温湿度传感器 [EB/OL]. [2024-03-09].

[4] Arduino 单片机 [EB/OL]. [2024-03-09].

[5] NI. LabVIEW[EB/OL]. [2024-03-09].

紫 蓝 青 绿 黄 橙 红

0.380 μm   0.76 μm   1.1 μm 2.526 μm 25 μm 1 000 μm

紫外线   可见光   近红外   近红外   中红外 远红外
                                短波   长波

近红外

图 2.7 红外光谱示意

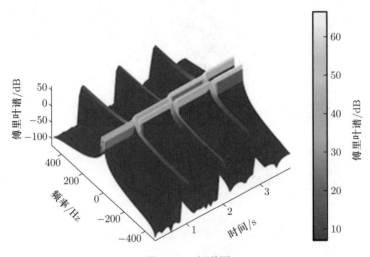

图 6.12 频谱图

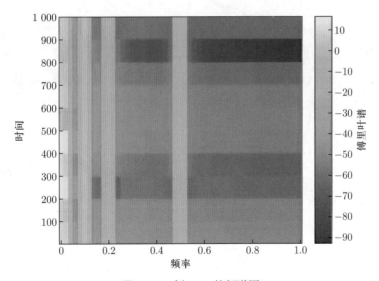

图 6.13 例 6.16 的频谱图

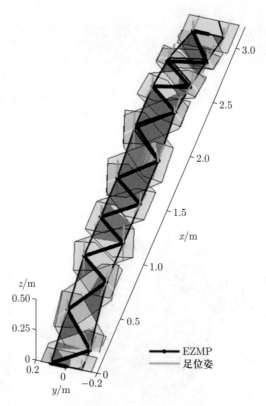

图 10.6 非平整路面 EZMP 轨迹设计

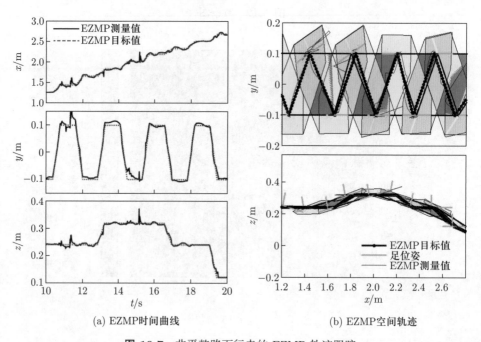

(a) EZMP时间曲线

(b) EZMP空间轨迹

图 10.7 非平整路面行走的 EZMP 轨迹跟踪

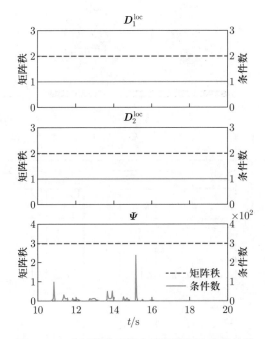

图 10.8　非平整路面行走中矩阵的秩和条件数

● 　边界点的实际位置

　　测量的边界点位置

● 　由算法得到的边界点位置

—— 　估计的地形边界

图 12.10　Google Earth 中的实际飞行实验结果

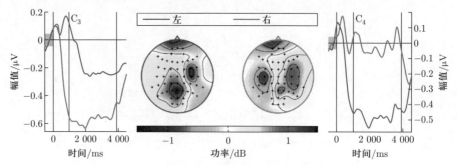

图 13.1 左、右手运动想象过程中的事件相关去同步

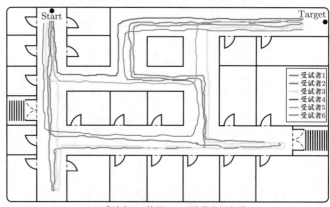

(a) 受试者1~6使用BCI系统的实际轨迹

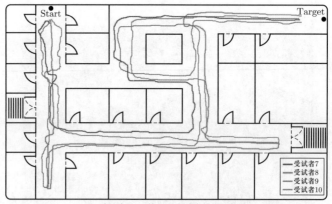

(b) 受试者7~10使用BCI系统的实际轨迹

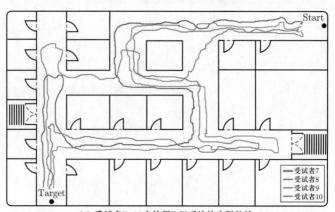

(c) 受试者7~10未使用BCI系统的实际轨迹

图 13.13 实际目标搜索验证实验的俯视实际轨迹